广西渔业国家地理标志农产品丛书

融水田鲤

张秋明　荣仕屿　张讯潮
李　文　李坚明　张桂姣　　主编

广西壮族自治区水产技术推广站
广西农业工程职业技术学院　编写
融水苗族自治县水产技术推广站

U0396919

广西科学技术出版社
·南宁·

图书在版编目（CIP）数据

融水田鲤 / 张秋明等主编 . -- 南宁 ：广西科学技术
出版社，2024.11. -- ISBN 978-7-5551-2313-2

I. S965.116

中国国家版本馆 CIP 数据核字第 2024HW0499 号

融水田鲤

张秋明　荣仕屿　张讯潮　李　文　李坚明　张桂姣　主编

策　　　划：黎志海

责任编辑：韦秋梅　　　　　　　　　　　封面设计：梁　良

责任印制：陆　弟　　　　　　　　　　　责任校对：方振发

出 版 人：岑　刚

出版发行：广西科学技术出版社　　　　　地　　址：广西南宁市东葛路 66 号

邮政编码：530023　　　　　　　　　　网　　址：http://www.gxkjs.com

印　　刷：广西民族印刷包装集团有限公司

开　　本：787 mm × 1092 mm　1/16

印　　张：8.25　　　　　　　　　　　字　　数：165 千字

版　　次：2024 年 11 月第 1 版　　　　印　　次：2024 年 11 月第 1 次印刷

书　　号：ISBN 978-7-5551-2313-2

定　　价：58.00 元

本书编委会

主　编：张秋明　荣仕屿　张讯潮　李　文　李坚明　张桂姣

副主编：莫波飞　王静怡　农新闻　黄麒鹰　罗　璇　廖雪芬

编　者（按姓氏拼音排序）：

陈豪龙	陈小军	邓　发	邓凤秋	邓盛敏	何博济
贺晓华	黄　杰	黄麒鹰	黄思文	贾庆光	蒋建明
蒋雄芳	蒋玉城	赖玉燊	李　嘉	李　文	李东壑
李黄川	李坚明	李善宝	梁　怡	廖春良	廖万波
廖雪芬	林　梅	林兴兰	林圆圆	刘炳君	刘诗媛
罗　璇	马桂玉	马荣荣	莫波飞	宁　维	农新闻
庞广潮	强艳芳	秦一汇	覃东飞	荣仕屿	谭　红
谭宇冰	汤秀城	唐　锋	唐东姣	唐文靖	唐咸武
滕焕志	王　宪	王海红	王焕菁	王静怡	王永贵
王祖辉	文继辉	吴凤莲	吴慧珍	谢海伦	谢秀萍
熊海林	熊俊斯	闫荣华	杨小妹	俞　苏	张朝忠
张桂姣	张秋明	张讯潮	张智博	赵俊明	赵明旺
赵艳梅	周　晴	周爱敏	周家慧		

编写单位：
广西壮族自治区水产技术推广站
广西农业工程职业技术学院
融水苗族自治县水产技术推广站

前　言

融水田鲤体形修长，背高、腹平、吻长，头顶部的额骨、顶骨及上枕骨两侧表皮各有 1 个对称的蝴蝶结状的金色图纹，背鳍两侧各有 2 列金黄色亮丽的鳞片，臀鳍和尾鳍下叶呈橘红色，个体重 50～250 g。其肉质鲜嫩，骨刺细软，鱼汤清甜，食无腥味。每百克鱼肉含蛋白质 ≥ 16.0 g、氨基酸总量 ≥ 15.0 g、脂肪 ≤ 4.0 g；每千克鱼肉含钙 78.0～295.0 mg、铁 2.8～6.5 mg、锌 6.5～14.0 mg、硒 0.1～0.3 mg。2018 年 11 月，融水苗族自治县水产技术推广站向中国绿色食品发展中心地理标志处提出融水田鲤农产品地理标志登记申请，2019 年 9 月农业农村部颁证批准融水田鲤获农产品地理标志登记保护，证书编号为 AGI02731。

融水田鲤生产区域处于云贵高原苗岭山地向东延伸的丘陵地带，属低纬度亚热带季风气候区，四季分明，昼夜温差较大，年平均气温 19.9 ℃，年平均水温 19.8 ℃；水量充沛，雨热同季，年平均降水量 1841.5 mm；年平均日照时数 1329.9 小时，无霜期达 322 天。稻田以梯田为主，位于山脚至山顶的 1/3～2/3 区域，海拔 200～1350 m。土壤为红壤土和黄壤土，土壤潮湿、疏松，土层肥厚，有机质含量高，水体富含鱼类的天然饵料生物。这些独特的生态环境孕育出融水田鲤独特的品质。

本书简要介绍融水苗族自治县社会生态环境、自然资源概况及融水田鲤概况，详细介绍融水田鲤农产品地理标志质量控制、生产技术规程，配以知识问答和产业发展实例，并融入饮食文化与旅游拓展，阐述融水田鲤农产品地理标志保护意义与发展对策，可为广大水产科技工作者、教师、学生以及农产品地理标志爱好者提供参考。

在本书编写过程中，广西壮族自治区水产技术推广站、广西农业工程职业技术学院、融水苗族自治县农业农村局、融水苗族自治县水产技术推广站、广西九农咨询策划有限公司、融水县金边鲤生态农业有限责任公司、广西融水元

宝山苗润特色酒业有限公司等单位给予编写策划、资料收集、美食制作、图片拍摄等工作上的支持和帮助，在此表示衷心感谢。

由于编者水平有限，书中难免有不足之处，敬请读者批评指正。

编　者

2024 年 5 月

目　录

第一章 融水社会生态环境及自然资源概况

第一节 社会概况

一、历史沿革

融水苗族自治县（图 1-1），隶属于广西柳州市，位于广西北部，云贵高原苗岭山地向东延伸部分。融水东邻融安县，南连柳城县，西接环江毛南族自治县，西南与罗城仫佬族自治县接壤，北靠贵州省从江县，面积 4638 km²。

图 1-1 融水苗族自治县县城鸟瞰

融水古为百越地。秦属桂林郡。汉元鼎六年（公元前 111 年）为潭中县地，属郁林郡。南梁大同元年（535 年）在今县城水东置东宁州。隋文帝开皇十八年（598 年）东宁州改为融州。隋炀帝大业二年（606 年）撤融州，将义熙县并入始安郡。唐武德四年（621 年）复设融州，辖义熙、武阳、黄水、安修四县；武德六年（623 年），改义熙县为融水县（此为融水得名之始）；天宝元年（742 年）改融水县为融水郡；乾元元年（758 年）复为融州。宋至道三年（997 年）为融州融水郡；大观元年（1107 年）为黔南路帅府，大观三年（1109 年）为下都督府元朝置安抚司；至元十六年（1279 年）置融州路总管府，元二十二年（1285 年）降为散州。明洪武二年（1369 年）撤融水县并入融州；洪武十年（1377 年）降州为县（称融县），属柳州府。清朝融县名称不变，仍属柳州府。

民国时期，仍称融县，先后隶属柳州府（1912 年）、柳江道（1913 年）、柳江区行政督察委员会（1926 年）、柳州民团区（1930 年）、柳州行政监督区（1934 年）、第四行政区（1940 年）、第二行政区（1942 年）、第十五行政区（1949 年）。

1949 年 10 月至 1952 年 7 月融县属柳州专区。1952 年 9 月成立融安县，同年 11 月，以原融县中区为主,从罗城县划出今良寨乡、杆洞乡、三防镇、汪洞乡、滚贝侗族乡,三江县划出今大浪镇、白云乡、红水乡、拱洞乡,成立大苗山苗族自治区(县级),属宜山专区。1953年从贵州省从江县划出大年乡、安里乡和融安县的和睦镇、永乐乡归属大苗山苗族自治区。1955年改称大苗山苗族自治县。1958年后属柳州地区。1965年改称融水苗族自治县。至1996年,融水苗族自治县辖4个镇、17个乡(其中2个民族乡)。

2002年11月,融水乡与融水镇合并为融水镇,原融水乡、融水镇所辖的行政区域全部归融水镇管辖。调整后,全县辖4个镇、16个乡(其中2个民族乡)。2006年底辖4个镇、16个乡,205个村(居)委会。

截至2023年,融水苗族自治县(图1-2、图1-3)下辖7个镇,13个乡(含2个民族乡)。即融水镇、和睦镇、三防镇、怀宝镇、洞头镇、大浪镇、永乐镇、四荣乡、香粉乡、安太乡、汪洞乡、同练瑶族乡、滚贝侗族乡、杆洞乡、安陲乡、白云乡、红水乡、拱洞乡、良寨乡、大年乡。

图1-2　融水梯田景观

图 1-3 融水田鲤养殖小区

二、经济状况

1. 第一产业

据融水苗族自治县统计局发布数据，2022 年全县地区生产总值 138.94 亿元，按可比价格计算，与上年持平。第一产业增加值 22.84 亿元，增长 5.0%。第一产业占 GDP 的比重为 16.4%。按常住人口计算，全县人均地区生产总值 33515 元，下降 0.2%。全县农林牧渔业总产值 37.7 亿元，增长 5.4%。其中农业产值 17.68 亿元，增长 4.7%；林业产值 6.85 亿元，增长 7.6%；畜牧业产值 10.3 亿元，增长 4.5%；渔业产值 1.15 亿元，增长 7.5%；农林牧渔服务业（专业及辅助性活动）产值 1.72 亿元，增长 6.3%。占农林牧渔业的比重分别为农业 46.9%、林业 18.2%、畜牧业 27.3%、渔业 3.0%、农林牧渔服务业 4.6%。

粮食种植面积 22.64×10^3 hm²，油料种植面积 1.27×10^3 hm²，甘蔗种植面积 5.06×10^3 hm²，蔬菜种植面积 11.82×10^3 hm²，果园面积 3.22×10^3 hm²，茶园面积 2.41×10^3 hm²。

全年粮食产量 11.2×10^4 t，比上年下降 0.5%；油料产量 2000 t，下降 9.1%；甘蔗产量 31.3×10^4 t，下降 12.5%；蔬菜产量 18.29×10^4 t，增长 5.5%；水果产量 6.74×10^4 t，增长 8.4%；茶叶产量 928 t，增长 10.1%。

2. 第二产业

2022 年全县全部工业总产值 71.0 亿元，同比下降 0.5%。其中，规模以上工业总产值 64.8 亿元，下降 0.4%；规模以上工业增加值下降 2.3%。

3. 第三产业

2022年全县第三产业增加值78.26亿元，同比下降0.4%。全县实现社会消费品零售总额47.37亿元，增长0.6%。按销售单位所在地分，城镇零售额29.76亿元，增长1.1%，乡村零售额17.61亿元，下降0.1%；按消费形态分，餐饮收入12.97亿元，增长10.3%，商品零售34.4亿元，下降2.6%。

三、人口与民族

2006年底，融水总人口48.29万人，其中农业人口42.76万人。有苗、瑶、侗、壮等少数民族人口35.41万人，其中苗族人口19.71万人，占总人口40.81%。

2016年底，融水总人口51.98万人，出生人口0.77万人，出生率14.87‰；死亡人口0.28万人，死亡率5.41‰；人口自然增长率9.46‰。

截至2022年底，全县户籍总人口52.42万人，比上年减少97人；常住人口41.53万人，常住人口城镇化率为39.35%，比上年提高0.18个百分点。全年出生人口4118人，出生率7.86‰；死亡人口3221人，死亡率6.14‰；人口自然增长率1.72‰。

融水有壮、瑶、苗、侗等少数民族，其中苗族人口占总人口40.81%。

四、民俗文化

融水的民族节日丰富多彩。全县有各种大小民族节日、集会近百个，较大的有十多个，有"百节之乡"的美称。规模和影响较大的苗族节日有苗年、安太芦笙节（农历正月十三）、香粉古龙坡会（农历正月十六）、安陲芒蒿节（农历正月十七）、洞头二月二节（农历二月初二）、新禾节（农历六月初六）、烧鱼节（图1-4）、斗马节（图1-5）、拉鼓节、过场节和闹鱼节等。

图1-4　融水烧鱼节烤鱼情形

图1-5　融水斗马比赛情形

第二节　自然生态环境

一、地形地貌

融水苗族自治县总面积约 4638 km²，其中山地面积占 85.46%，耕地面积占 46.59%，水田面积 24.2 万亩（1 亩≈666.7 m²）。县境地势为中部高四周低，西南最低。中西部和西南部为中山地区，海拔 1500 m 以上的山峰有 57 座，其中元宝山海拔 2081 m，是广西第三高峰，县内第一高峰；另外还有摩天岭，海拔 1938 m。东南部和东北部为低山地区（图 1-6）。南端为丘陵岩溶区，该地区较为平缓，被称为县内平原。

图 1-6　融水地形地貌与梯田特征（杨祥欣　摄）

二、气候类型

融水地处低纬度，属中亚热带季风气候，由于海拔较高，山地较多，故山区气候特征比较明显。

（1）季风显著，气温较高，空气湿度大，降水量多；由于县境所处纬度低，太阳辐射强，日照时数长，全年平均日照时数 1329.9 小时。

（2）气候温和。年平均气温为 19.9 ℃，最冷月平均气温 9.1 ℃。最热月平均气温 28.3 ℃，历年极端最高气温 38.9 ℃，历年极端最低气温 –1.0 ℃，

（3）降水量充沛但分布不均，本县为全区多雨中心之一。年平均降水量 1841.5 mm，其中 4～8 月降水量 1330.7 mm，占全年降水量的 72%。年平均相对湿度 77%，最小相对湿度 13%。

（4）夏长冬短，四季较分明，县境内以夏季最长，冬季次之，春季最短。年总蒸发量 1320.5 mm。

三、水文特征

融水水系属都柳江水系，县境内主要有融江、贝江（图 1-7、图 1-8）、泗维河、田寨河、保江河、大年河、都郎河、香粉河、洞头河、花仔河、英洞河、纳产河、池洞河等 13 条河流，汇水面积为 384.39×10^3 km²，占全县干流、支流总汇水面积 82.4%。融江河自北向南流经县境东缘，经大浪、融水、和睦等地，河段全长约 65 km，年平均过境流量 194×10^8 m³，其中以贝江河干流最长，其干流长约 146 km，汇水面积 1762 km²。融水水源丰富，年产水量 65.2×10^8 m³，占柳州地区的 22.9%，平均每平方千米地表水年产 1.39×10^6 m³，但径流量在全年中分配不均匀，80% 流量集中于 4 ～ 9 月，因此常有春秋干旱现象。

图 1-7 融水贝江生态环境

图 1-8 融水贝江四荣段鸟瞰

第三节　自然资源概况

一、土地资源

融水土地资源以山地为主（图1-9），故有"九山半水半分田"之说。山地占土地面积的85.48%。据统计资料，全县农业用地62256.93 hm²（其中耕地55969.62 hm²），建设用地8290.75 hm²，未利用地1373.91 hm²。全县耕地保护面积5679.16 hm²，基本农田保护面积39623.95 hm²；全县实施7个土地整治项目总面积2544.27 hm²，其中耕地面积657.45 hm²。

图1-9　融水田鲤产地生态环境状况

二、矿产资源

融水境内已发现矿种40种，主要有钨、锡、铜、铅、锌、铁、铂、锑、高岭土、蛇纹矿、硅石等。矿产地约190个，矿床主要集中分布在元宝山周边、摩天岭西侧、融水至洛西三大区块。主要矿产锡查明的蕴藏量为75717.9 t，占广西的3.7%；铜查明的蕴藏量为37540.79 t，占广西的10.55%；锌查明的蕴藏量为45022.15 t；镍查明的蕴藏量为241850.9 t，约占广西的29%；蛇纹岩查明的蕴藏量约为10920.1×10⁴ t，保有资源储量在全国名列第十位。

三、生物资源

1. 植物

融水野生动植物资源丰富。据调查，有高等植物303科1232属3332种。属国家一

级保护植物有元宝山冷杉、南方红豆杉，属二级保护植物有金毛狗脊、桫椤、华南五针松、福建柏、合柱金莲木、鹅掌楸、闽楠、任豆、野大豆、花榈木、半枫荷、红椿、马尾树、喜树和香果树等。

2. 动物

县境内野生动物约300种，属国家一级重点保护野生动物的有鼋、蟒蛇、熊猴、金钱豹和林麝等，属国家二级重点保护野生动物的有大鲵、小天鹅、水鹿、细痣疣螈、虎纹蛙、白鹇、红腹锦鸡、黑熊、灵猫、鬣羚等。其中在元宝山发现的崇安髭蟾、镇海林蛙、蓝翅叶鹎、棕褐短翅莺4种为广西新记录种；有昆虫769种，分属152科，其中特有种30种、珍稀种类19种。

四、林业资源

融水县以经营林业为主，主要林业资源有杉、松、竹、油茶、油桐等，森林覆盖率达79%，为广西木材主要产地，以优质高产杉木而著称全国。据2016年统计数据，林业用地面积约 $36.7 \times 10^4 \ hm^2$，约占全县土地总面积的79%；有林地面积 $34.28 \times 10^4 \ hm^2$；活立木蓄积量约 $28.36 \times 10^6 \ m^3$。

五、淡水资源

融水雨量充沛，元宝山一带为广西三大暴雨中心之一。除都柳江、融江自北偏东往南流过县境外，县境内河流流域面积大于 $50 \ km^2$ 的河流有27条。县境内流域面积在 $100 \ km^2$ 以上的河流有融江（图1-10）、贝江、英洞河、杆洞河、大年河、泗维河、田寨河等7条河流，年径流量达 $65.21 \times 10^8 \ m^3$，水力资源极为丰富。全县河流水能蕴藏量达 $54.65 \times 10^4 \ kW$，规划总装机容量为 $50.1 \times 10^4 \ kW$（不含元宝山抽水蓄能电站

图1-10　融水的母亲河——融江

$120 \times 10^4 \, \mathrm{kW}$），设计年发电量 $19.96 \times 10^8 \, \mathrm{kW \cdot h}$。

六、旅游资源

1. 贝江

贝江是以水域类地理人文景观为主的自然风景旅游区、民俗旅游示范点（图1-11）。旅游区总面积4.5 km²。贝江为融水境内最长的河流，全长146 km，流域面积1762 km²，发源于九万大山和元宝山。由于水位落差大，形成许多急流、险滩和深潭（图1-12、图1-13）。游览的主要景点有勾滩苗寨、长赖苗寨、仙池、乌龟爬山、石门滩、小三峡、望夫石、杜鹃花红，游客可在苗寨体验苗家生活习俗——喊酒、踩脚、芦笙踩堂舞、打油茶、吃民族餐、斗马等。

图1-11　贝江源的生态植被环境

图1-12　贝江流域亲水游玩景点

图 1-13　贝江四荣段鸟瞰

2. 元宝山

元宝山（图 1-14）是国家森林公园、自治区级风景名胜区。位于融水中部，面积约 3900 hm²，有白虎顶（海拔 2064 m）、兰坪峰（海拔 1995 m）、元宝峰（海拔 2081 m）和无名峰（海拔 2086 m）四大主峰。元宝山为广西第三高峰，因整体外形奇特像大元宝而得名。许多山峰海拔多在 1500 m 以上，加上良好的原始森林植被，造就了元宝山峻秀的景观，主要景观有野人崖、百丈瀑、六叠瀑、仙女潭、铁杉王、杜鹃花海（图 1-15）、石上人家（图 1-16）等 50 多处。

图 1-14　元宝山国家森林公园一隅

图 1-15 元宝山杜鹃花海

图 1-16 元宝山石上人家

3. 龙女沟

龙女沟是广西农业旅游示范点、柳州市十大美丽乡村、融水自驾游汽车营地，是自然山水和人文景观相结合的民族风情景区（图 1-17）。位于融水苗族自治县四荣乡，距县城约 50 km。景区面积约 10 km²，居住着苗族、侗族等少数民族，有古老独特的木楼建筑、奇特的民族习俗和浓郁的民族风情。主要景点有龙女潭、月亮潭、双龙洞、龙门、龙女瀑布、苗山天湖、千人古寨、天然游泳池、苗岭梯田、杜鹃花海、红军桥、红军亭、双箭瀑等。

图 1-17 龙女沟水源生态环境

4. 老子山

老子山（图 1-18）位于融水苗族自治县城区西南郊。山势雄伟挺拔，形似一只昂首张嘴的老虎。虎口即寿星岩，旁边是虎耳岩。寿星岩又名揽胜岩。岩洞壁上尚存历代摩崖石刻。在寿星岩口，矗立着一尊 6 m 多高的寿星翁塑像。山上还有鲁班岩、读书岩、牛鼻岩、伏地岩等 10 多个景致各异的岩洞。1987 年重建了静观楼、园通门、大雄宝殿等。老子山是远近闻名的佛教圣地。2010 年被评为国家 AAA 级景区，2011 年参加柳州旅游

11

名片评选活动获"最具影响力宗教文化景区"奖。

图 1-18　老子山景区景观

5. 雨卜苗寨

雨卜苗寨位于融水苗族自治县香粉乡雨卜旅游村（图 1-19），地处元宝山南麓。依山傍水，环境幽雅。游客可以参与芦笙踩堂、跳竹竿舞、踩脚舞、抛绣球、背新娘、拉鼓等节目，还有烧烤、打油茶、"坐妹"、对歌等活动，有独具特色的糯米饭、糯米酒、香菇、木耳、酸肉、酸鱼、酸菜等苗家风味食品饮品。2006 年 11 月，雨卜旅游村被评为"全国农业旅游示范点"，2007 年 4 月被评为"柳州市十大美丽乡村"。

图 1-19　雨卜苗寨风雨桥

第二章 融水田鲤概况

第一节 生物学特性与品质特征

一、生物学分类

融水田鲤中文正名鲤鱼（*Cyprinus carpio*），属脊椎动物门有头亚门有颌部硬骨鱼纲（Osteichthyes）鲤形目（Cypriniformes）鲤科（Cyprinidae）鲤属的硬骨鱼类。

二、品质特征

融水田鲤有黑鲤、青鲤、黄背鲤、斑豆鲤、粗鳞鲤、细鳞鲤、红鲤等品种，统称"田鲤"。融水田鲤体形修长，背高、腹平、吻长，头顶部的额骨、顶骨及上枕骨两侧表皮各有 1 个对称的蝴蝶结状的金色图纹，背鳍两侧各有 2 列金黄色亮丽的鳞片，臀鳍和尾鳍下叶呈橘红色（图 2-1），个体重 50～250 g。田鲤又名禾花鱼，融水田鲤因其背部两侧有金黄色亮丽的鳞片，有"融水金边鲤"或"融水金边禾花鲤"的美称。

图 2-1 融水田鲤外观特征

融水田鲤内在品质指标：肉质鲜嫩，骨刺细软，鱼汤清甜，食无腥味。每百克鱼肉含蛋白质 ≥ 16.0 g、氨基酸总量 ≥ 15.0 g、脂肪 ≤ 4.0 g；每千克鱼肉含钙 78.0～295.0 mg、铁 2.8～6.5 mg、锌 6.5～14.0 mg、硒 0.1～0.3 mg。

第二节 地理分布与产量规模

融水田鲤主要分布于融水大苗山的梯田里（图2-2至图2-4）。

图2-2 融水田鲤生长栖息的梯田状况（潘喜玲 摄）

融水田鲤养殖生产地域包括融水县所辖的融水镇、和睦镇、大浪镇、永乐镇、三防镇、怀宝镇、洞头镇、香粉乡、四荣乡、安太乡、安陲乡、白云乡、红水乡、拱洞乡、大年乡、良寨乡、同练瑶族乡、汪洞乡、杆洞乡、滚贝侗族乡等20个乡镇，地理坐标为东经108°34′～109°27′，北纬24°49′～25°43′，生产面积15000 hm²，年产量12000 t。

图 2-3　融水田鲤生长栖息的梯田（远景）（潘喜玲　摄）

图 2-4　融水田鲤生长栖息的梯田（近景）（潘喜玲　摄）

第三节　产业发展进程与现状

　　融水因独特的地理环境，历来鱼类资源丰富。2010 年以来，县人民政府确立了新时期"发展养殖业促进农民增收和财政增长"的指导思想，并制订了"养殖农民增收计划"，发展稻田生态养殖是《融水渔业发展"十三五"规划》的主要任务之一，2017 年全县稻田养鱼面积 4868 hm²，产量 7160 t。依照《融水苗族自治县"十四五"特色产业发展规划》，进一步推进稻田禾花鲤鱼养殖项目建设进程，大力实施产业建设，并把稻田养鱼作为山区群众增收的主要措施，积极推进稻田养鱼助力乡村振兴工作。

　　融水田鲤以金边禾花鲤为主要品种，以"坑沟式"养殖为主，形成"优质稻 + 鱼"的生态种养模式（图 2-5 至图 2-7），2021 年稻田养鱼总面积已达 7.3 万亩，平均亩产鲜鱼 35 kg，稻田鱼产量 2555 t，产值达 1.28 亿元。融水田鲤产业已发展成为融水县乡村振兴的重要产业。

图 2-5　融水田鲤养殖沟坑模式一

图 2-6　融水田鲤养殖沟坑模式二

图 2-7　融水田鲤元宝山梯田养殖示范区

　　2022 年，全县田鲤养殖面积 8.1 万亩（稻田、山塘、池塘、水库），全年产量 3880 t，产值 1.59 亿元。融水田鲤养殖还辐射到柳州市周边县、河池市，以及湖南、贵州、云南等省份。2016 年在融水田鲤的基础上选育的苗山金边禾花鲤获得"中国生态原产地保护产品"（图 2-8）；2019 年获"国家农产品地理标志"（图 2-9），获认证的国家级水产健康养殖示范场有 2 个（金边鲤繁育场——水产苗种繁育场和稻渔综合种养基地）；2020 年获认证的广西良种场有 1 个——广西融水融荣金边鲤良种场（图 2-10），入选广西第三批农产品区域公用品牌目录；2021 年，融水苗族自治县参与广西三市五县的广西桂西北山地稻鱼复合系统入选第六批中国重要农业文化遗产。

图 2-8　生态原产地保护证

图 2-9　农产品地理标志证书

图 2-10　良种场资格证书

融水借助创建国家全域旅游示范区和广西特色旅游名县的契机，打造"金秋烧鱼季"系列活动、休闲农业观光旅游及新农村建设融为一体的现代特色农业示范区，扩大融水田鲤影响力和养殖规模。稻田生态养殖和稻渔生态综合种养项目，是全县重点支持的乡村振兴产业之一。通过延伸田鲤产业链，打造深加工旅游系列产品，增加田鲤的附加值，实现提质增效。集"中国生态原产地保护农产品""中国重要农业文化遗产""国家农产品地理标志""融水优质农产品"于一体的绿色生态品牌，向标准化、规模化和产业化方向发展（图 2-11）。

图 2-11　融水田鲤标准化养殖示范基地

第四节　融水田鲤人文历史

融水田鲤养殖历史悠久，种质资源丰富，苗族人民生活的方方面面都与鱼有关。在融水有许多关于稻田鲤鱼的故事传说、习俗传承。鲤鱼是融水水面养殖必不可少的一种鱼类，苗家人有过节用鲤、结婚用鲤、乔迁新居用鲤、打同年用鲤的习俗。此外，在生产、生活、就学、从政中，还有开耕用鲤、收割用鲤、访亲用鲤、拜师用鲤、升学用鲤、晋官用鲤、上山捕猎用鲤、修路搭桥用鲤、祭祀用鲤等。苗家用鲤鱼作为各种活动的吉祥物和供品，已有千年历史。

融水苗族人们在清泉中用古老的方法培育田鲤鱼苗，然后将其分养到各梯田中。融水田鲤生长过程中采食的是一些天然水生动物和滋生在禾苗上的害虫，更是以禾花为主食。每年的六七月，正是水稻禾花盛开的时候，禾花飘落到田水中，融水田鲤竞相争抢；等到禾花完全凋谢，结成谷粒，田里的融水田鲤也长得肥美；待到稻谷变黄，便是融水田鲤最美味的时候。这个时候，山里的苗胞们带着禾剪，背着糯米饭，邀请亲朋好友去剪禾，同时上山野炊，捕捉烤制融水田鲤，进行野外聚餐。

一、有关融水田鲤的文献记载

有关融水田鲤的文献记载较多。《融水苗族自治县志》（1998 年版）156 页（图 2-12）记录："清道光《融县志》载，有鲤、甸、草鱼……19 种；据 1976 年度广西水产学院、1983 年中山大学调查，融水县鱼类分隶属 5 目、13 科，10 亚科，89 种……主要经济鱼类有鲤鱼、鳗鲡、青鱼、鲢鱼……56 种……1981 年全县稻田养鱼 25700 亩，产量 51400公斤……1990 年为 70508 亩，产量 442500 公斤。1993 年推行'垄稻沟鱼'2461 亩，1995 年放养面积达 77600 亩，产鱼 478000 公斤。是年验收洞头乡'垄稻沟鱼'放养面积 80 亩，亩产鲜鱼 27.4 公斤，比当年常规稻田养鱼社会平均亩产高 20.4 公斤。"

图 2-12　《融水苗族自治县志》（1998 年版）关于融水田鲤的记录

关于新禾节，《融水苗族自治县志》（1998年版）672页（图2-13）记录："这天，家家户户都要从稻田摘回三棵禾胎，掺和在蒸熟的糯米饭里，菜肴以鱼为主，有鱼粥、煎鱼、烤鱼等。"

关于尝新节，《融水苗族自治县志》（1998年版）685页记录："……是日，家家户户开田捉鲤鱼，摘取禾胎掺入糯饭，煮鱼粥，以鸭鱼肉祭品供奉祖先……"

图2-13　《融水苗族自治县志》（1998年版）关于节日的记录

《融水苗族》（2009年）16页（图2-14）记录："风味美食有烤田鲤……将鱼串放在火上烤，将鱼烤得焦黄，食用时，用姜、蒜、辣椒等佐料，调成汤水，煮沸后将烤鱼置入汤中，和汤就食，其味清甜鲜美。有的在汤里加放些野菜，别有一番风味。"

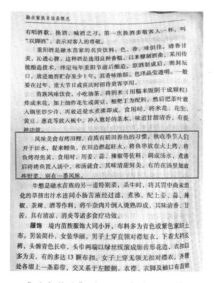

图2-14　《融水苗族》（2009年）关于烤田鲤的记录

《融水苗族》(2009年)45页(图2-15)记录:"田鲤。也叫禾花鱼,比一般鲤鱼小,只有三只手指并拢般大小,重六七两。因放养在稻田里,专吃禾叶和稻花长大,故得名。"72页(图2-15)记录:"苗族过年过节、操办喜事、祭拜祖先、敬神驱鬼,都以酸鲤鱼作为供品。据说鲤鱼……繁殖力强,易养快大。它是苗家水面养殖必不可少的一种鱼类,与苗家生活息息相关。因此苗家人特别崇拜鲤鱼……"73页记录:"苗族山区苗年、春节期间……给客队集体赠送几大包酸鲤……。除以上活动用鲤外,在生产、生活、就学、从政中,还有开耕用鲤、收割用鲤、访亲用鲤、拜师用鲤、升学用鲤……"104页记录:"居住在融江、贝江沿河两岸的各族人民历来有从事江河捕鱼的习惯。山区农民利用稻田和池塘养鱼,已有悠久历史……"

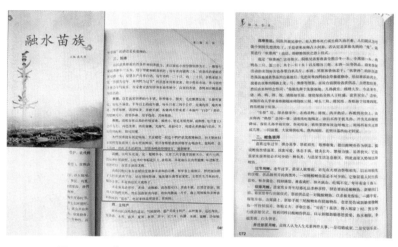

图2-15　《融水苗族》(2009年)关于鲤鱼崇拜的记录

另外,《融水苗族风情与传说》(2015年)148~151页(图2-16)同样记录有崇拜鲤鱼、结婚用鲤、乔迁新居用鲤、打同年用鲤等。167页记录:"稻田养鱼,在融水大苗山山区是极为普遍的,具有悠久的历史。"

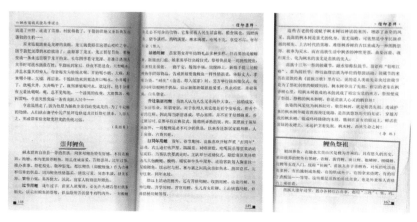

图2-16　《融水苗族风情与传说》关于鲤鱼崇拜的记录

二、融水田鲤的习俗传承、故事传说与歌谣

据《国语·楚语》有关楚国祭祀等级差别的记载，"其祭典有之曰：国君有牛享，大夫有羊馈，士有豚犬之奠，庶人有鱼炙之荐……士食鱼炙，祀以特牲；庶人食菜，祀以鱼……"从以上记载可知，楚国祭典中庶民用鱼来祭祀自己的祖先，而苗族人的祖先来自楚国，也是用鱼来祭祀祖先，由此可知苗族用鱼习俗的历史漫长，已有千年以上历史（图2-17）。

图 2-17　融水苗族过年过节以鱼来祭祀祖先

在苗族人的眼中，鲤鱼并不同于一般意义上的鱼，它在苗族社会中具有更加神圣的寓意。同样，融水苗族同胞对鱼也非常崇尚，反映在民族的服饰和配饰上（图2-18），也反映在苗族房屋的装饰上（图2-19）。物必有意，意必吉祥。服饰、配饰和房屋装饰上的鱼还体现出浓郁浪漫色彩的审美和对生活的美好愿景。

图 2-18　融水苗族服饰上的鲤鱼挂件

图 2-19　融水苗族建筑上的鲤鱼图腾

　　芦笙柱是苗族吉祥的象征。鲤鱼图案和图腾也同样出现在融水苗族同胞节庆活动的芦笙柱造型中（图 2-20）。芦笙柱底部圆形如鼓，柱干上鲤鱼跳跃，顶端为一只锦鸡，柱子上有一对水牛角，整根柱子上缠绕着一条头朝下的龙。相传苗族人开荒造田造地，稻作栽培和稻田养鱼，鲤鱼给苗族人生活带来了富足。

图 2-20　融水苗族芦笙柱鲤鱼图案和图腾

　　苗族文化不但在服饰、图腾等中大量地融入了鲤鱼文化，在历史流传下来的歌谣中也有充分的体现。

美丽的田鲤

胺耶——

在阳能取歇

低阳能有达纳锁

哼以约达胺以列整

达胺粉懂跌剁

阿拉后

达胺啊厚奴乌狙耶呀泵

歇啰

拉酒啊类跌厚快

达胺以

粉萌跌摁纳狙呀傻厚乌

诺喏咪胺憋 Kie

滴下浓呦哼

付呦滴下浓呦咪

纳诺娃真的厚达诺

以布诺达胲不如 Kie——呦

译文：原本田鲤是在河里长的，聪明的人们把鲤鱼拿到田里饲养，它那圆溜溜的眼睛和背部金色的鳞片惹得人们非常地喜欢和崇敬，因此我们苗族人家视田鲤为吉祥鱼。千百年来，田鲤鱼喝着田里清凉甘甜的泉水，吃那芳香的稻花，长得更加活泼、可爱和肥美。从此，我们每逢接亲待友、过节和喜庆的日子都必须要用它来作为礼物招待尊敬的客人和朋友！

这是一首描述每当有喜事和亲友到来，融水苗族人们就用田鲤来接待和祝福的歌，同时也反映了稻田养田鲤在苗乡的习俗传承。

第五节　融水田鲤社会认知度

一、融水田鲤鱼具有深厚的历史文化底蕴

这一点可从"广西桂西北山地稻鱼复合系统"这个第六批中国重要农业文化遗产申报资料的挖掘、收集、编制和宣传等工作中找到答案。山地稻鱼复合系统历经千百年的发展，在长期的农业生产实践中，形成了稳定的与自然生态系统相平衡的农业生态体系（图 2-21、图 2-22）。

图 2-21　金秋时节融水梯田丰收景象

图 2-22　收获肥美的融水田鲤

　　每年 10 月的融水，稻谷飘香，田间还有游曳着吃禾花长大的融水田鲤，稻鱼共生于此已有千年历史了，这里就是秀美融水风情苗乡（图 2-23、图 2-24）。

图 2-23　融水苗族梯田养殖鲤鱼的农耕文化

图 2-24　融水田鲤是融水传统农产品的杰出代表

融水苗族自治县是广西唯一的苗族自治县，居住着壮、汉、瑶、苗、侗等多个民族，总人口 50 多万，少数民族人口占 76% 左右。其中苗族是一个具有悠久稻作历史传统的民族，千百年来，苗族人民秉承生物多样性的自然规律，培育和传承了融水田鲤为代表的众多传统农业品种和文化。

融水的山地稻鱼复合系统，是苗族人民的独创，他们怀揣对土地的尊敬和热爱，遵从自然是他们在这片土地上领悟到的最高法则。人们从高山泉水源处引出清泉，这一道清澈纯净的高山源头泉水便是滋养一方水土的恩赐。这片土地独特的山地气候，平均海拔达 600 m，空气清新，水质优良，矿物质丰富，让层层梯田成为天然的粮仓和鱼库（图 2-25）。稻渔综合种养正是苗族人民在这片土地不断积累经验所得出的最佳选择。沉甸甸的稻谷，欢脱游动的鱼儿，是每一位农耕人心中美好的愿景（图 2-26）。

图 2-25　孕育融水田鲤的山泉和梯田

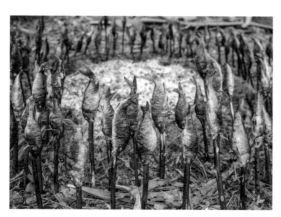

图 2-26　融水烤田鲤成为必选的休闲项目

每年春天谷雨前后，人们把秧苗插进稻田里，同时把鱼苗也放进去，稻田为鱼的生长提供丰富的饵料，鱼在觅食的过程中也为稻田清除虫害和杂草，从而减少农药和除草剂的使用，鱼的粪便又是上好的有机肥，产生保养和育肥的效果，这种种植一季稻放养一批鱼的农业生产方式迄今已有上千年的历史，如今苗族人民还在沿用这种传统耕作方式（图2-27）。

图 2-27　元宝山融水田鲤养殖示范区

2021年，融水苗族自治县参与广西三市五县的广西桂西北山地稻鱼复合系统，入选第六批中国重要农业文化遗产（图2-28），它不仅具有生产生态、社会和文化等多重价值，是人类土地持续利用的活样板，蕴含着许多科学的传统农业管理知识，而且是生态农业、循环农业和低碳农业的典型代表，对全球同类地区的农业可持续发展具有重要意义。从此，融水田鲤秉承着苗族的文化"游出"了大苗山，进入了世界的视野。

融水十分重视养殖业生产发展，在人力、物力、财力等方面给予大力扶持。全县的融水田鲤已经由过去散户养殖，发展成为现在的规模化、标准化、产业化、特色化的综合养殖。融水县党委、人民政府为适应市场需求，决定继续针对融水田鲤产业出台相应扶持和激励措施，聚力将融水田鲤产业作为未来乡村振兴领域的一个支柱产业。

图 2-28　广西桂西北山地稻鱼复合系统（融水）宣传画

二、融水田鲤获得中国农产品地理标志登记保护

2018年11月，融水苗族自治县水产技术推广站向中国绿色食品发展中心地理标志处提出融水田鲤农产品地理标志登记申请；2019年9月农业农村部颁证批准融水田鲤农产品地理标志获得登记保护，证书编号为AGI02731。从此融水田鲤真正具有了中国传统特色农产品的身份。

在组织申报中国农产品地理标志过程中，对融水的自然风光、民风民俗中农耕文化的独特内涵进行挖掘、整理，将极具个性的本土产品，以地域化的民族风情为载体，采取农耕文化体验和数字化宣传等手段，传播文化的同时实现特色农产品价值的提升，为有效实现农民增收和促进乡村振兴夯实基础。

融水县党委、人民政府依托融水田鲤、融水灵芝和融水紫黑香糯等地理标志农产品，将传统农业生产、多民族村居生活与良好生态环境有机地融为一体，打造出山水林田河自然景观与蕴含深厚人文历史积淀的农田村居人文景观，将自然元素与人文元素全景式地呈现在人们面前（图2-29）。

图2-29　融水田鲤是大自然的恩赐和苗族人民智慧的结晶

三、融水田鲤在全国及广西农产品展示展销会上亮相

融水田鲤获得中国农产品地理标志登记后，陆续在全国及广西的各种农产品展示展销会上亮相，成为家喻户晓的广西特色农产品。融水田鲤在自治区、柳州市及融水苗族

自治县三级政府部门分别举办的每年一度的"中国农民丰收节"中受到与会者的热烈追捧。融水田鲤鱼更是每年融水"金秋烧鱼季"上的主角，多家媒体争相报道融水田鲤产业发展情况（图2-30、图2-31）。

图2-30　央视网关于融水田鲤的报道

图2-31　烧鱼季烤融水田鲤情景

第三章 融水田鲤农产品地理标志质量控制

第一节 生产范围控制

融水田鲤产自融水境内特定的地域。地域范围包括融水苗族自治县所辖的融水镇、和睦镇、大浪镇、永乐镇、三防镇、怀宝镇、洞头镇、香粉乡、四荣乡、安太乡、安陲乡、白云乡、红水乡、拱洞乡、大年乡、良寨乡、同练瑶族乡、汪洞乡、杆洞乡、滚贝侗族乡等20个乡镇，地理坐标为东经108°34′～109°27′，北纬24°49′～25°43′，生产面积15000 hm²，年产量12000 t（图3-1、表3-1）。

图3-1 融水田鲤生产地域保护范围的文件

表3-1 融水田鲤保护地域范围明细

7镇13乡	8社区198村
融水镇	4社区：城北社区、城中社区、城南社区、城西社区
	15村：云际、古鼎、新安、小荣、西廓、红光、红色、新国、水东、下廓、三合、东良、东华、兴贤、罗龙
和睦镇	1社区：和睦街社区
	9村：和睦、古顶、安塘、读楼、吉塘、红星、芙蓉、沙巩、巷口

续表

7镇13乡	8社区198村
大浪镇	1社区：河口街社区
	10村：高培、大新、竹桥、河口、桐里、潘里、大安、上里、麻石、大德
永乐镇	8村：兴隆、四莫、东阳、下覃、北高、荣山、洛西、毛潭
三防镇	1社区：三防街社区
	10村：兴洞、三联、拉川、新兴、联合、乃文、荣洞、本洞、烟洞、洞马
怀宝镇	1社区：中寨街社区
	10村：河村、洋洞、聘洞、东水、盘荣、喷沟、中寨、民洞、永和、九东
洞头镇	7村：甲烈、一心、六进、滚岑、洞头、甲朵、高安
香粉乡	8村：中坪、雨卜、金兰、古都、香粉、新平、九都、大方
四荣乡	10村：荣塘、荣地、东田、九溪、三江、江潭、四合、永安、永靖、保合
安太乡	13村：三合、求修、甲报、培秀、尧良、培地、林洞、寨怀、小桑、尧电、元宝、江竹、洞安
安陲乡	13村：新塘、吉曼、大田、泗溪、大伞、乌吉、三寸、九同、江门、暖坪、大塅、洋岭、龙口
白云乡	13村：高兰、邦阳、公和、龙岑、枫木、荣帽、瑶口、田里、大湾、白照、林城、保江、大坡
红水乡	8村：高文、振民、良友、红水、黄奈、芝东、良双、良陇
拱洞乡	11村：洋鸟、龙圩、大沟、龙培、高武、拱洞、广雄、培基、龙令、瑶龙、平卯
大年乡	8村：归合、高僚、大年、古楼、木业、高马、吉格、林浪
良寨乡	7村：大里、苗坪、良寨、归坪、塘苟、安全、培洞
同练瑶族乡	6村：大平、英洞、如劳、和平、同练、朋平
汪洞乡	9村：产儒、平时、廖合、腾合、结合、新合、八洞、罗洞、池洞
杆洞乡	12村：锦洞、归江、党鸠、中讲、百秀、杆洞、花雅、尧告、小河、达言、高培、高强
滚贝侗族乡	11村：同心、平浪、滚贝、三团、尧贝、尧佐、吉羊、烈洞、平等、同乐、支文

第二节　产地环境条件

　　融水田鲤产地处于云贵高原苗岭山地向东延伸的丘陵地带，群山连绵（图3-2），属低纬度亚热带季风气候区。

图3-2　融水田鲤产于群山连绵的梯田里

　　融水田鲤产地四季分明（图3-3），昼夜温差较大，年平均气温19.9℃，年平均水温19.8℃；水量充沛，雨热同季，年平均降水量1841.5 mm；年平均日照时数1329.9小时，无霜期达322天。稻田以梯田为主，位于山脚至山顶1/3～2/3的区域，海拔200～1350 m。土壤为红壤土和黄壤土，土壤潮湿、疏松，土层肥厚，有机质含量高，水体富含鱼类的天然饵料生物。这些独特的生态环境孕育出融水田鲤独特的品质。

图 3-3　融水田鲤产地稻田四季景象

第三节　生产方式控制

融水田鲤生长在稻田环境中，生产过程采取独特的生产管理模式。

一、场地要求

1. 水源、水质

水源充沛、水质良好且符合《地表水环境质量标准》（GB 3838—2002）和《渔业水质标准》（GB 11607—89）的规定。融水田鲤的生产用水主要来自大苗山的山泉（图3-4、图3-5）。

图 3-4　融水田鲤养殖生产水源基本状况

图 3-5　多数产地引水入田仍采用传统模式

2. 稻田建设

（1）稻田基本条件。土质肥沃，保水力强，土壤呈中性至微碱性（图 3-6）。

图 3-6　养殖融水田鲤的稻田状况

（2）田基改造。在田基内侧用砂石混凝土浇筑，混凝土顶部宽 10 cm，基部宽 12 cm，高出田面 40 cm 以上（图 3-7）。

图 3-7　田基改造模式

（3）坑沟建设。在稻田开挖 1 ～ 2 个深 0.5 ～ 1 m、面积占田块面积 5% 以下的坑沟，坑沟上用树皮、稻草等搭建遮阳棚（图 3-8）。

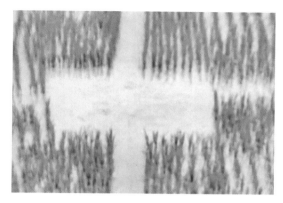

图 3-8　坑沟建设模式

（4）拦鱼设施建设。在稻田排灌水口用竹片或钢筋布设拦鱼栅设施（图 3-9）。

图 3-9　稻田排灌水口拦鱼栅设置模式

二、清整稻田和施基肥

插秧前5天左右清理稻田四周杂草,检查稻田保水情况。上年秋收后大部分稻草还田,插秧前15天施足基肥(图3-10)。

图3-10 清理田中杂草杂物、检查保水情况和施基肥

三、苗种选择与放养

插秧后10天左右投放融水田鲤鱼种,鱼种全长7 cm以上,每亩投放200～500尾(图3-11)。鱼种质量要求为体形好、无伤无病、游动活泼、逆水性强。

图3-11 融水田鲤鱼种及投放鱼种操作

四、养殖方式

一是夏季稻田养鱼,5月插秧后投放鱼种,10月收获。二是冬闲田养鱼,11月投放鱼种,翌年4月收获。

五、稻田追肥

追肥时，早稻每亩施用氯化钾 2.5 kg、尿素 7.5 kg，晚稻每亩施用氯化钾 5 kg、尿素 7.5 kg。追肥应避免在高温天气进行，追肥时先将水降至田面以下，让鱼自然集中于鱼坑或鱼沟内再施肥；肥料应施在田面上，避免将化肥直接撒落鱼沟或鱼坑。

六、日常管理

（1）经常检查田埂，防漏防垮；在夏季多雨季节，排灌水口的拦鱼栅应经常清除杂物，保证排灌水口畅通；同时经常清理鱼沟、鱼坑，使沟水保持通畅，保证稻田鱼正常生长。

（2）水稻需要用药时，必须使用对鱼无危害或危害小的低毒农药。施药前加灌田水或将鱼集中于鱼沟和鱼坑中。水剂药物应在晴天稻叶上无露水时喷洒；粉剂药物应在早晨稻叶上露水未干时喷洒。

（3）养殖期间适时投喂米糠、蔬菜等农家饲料。

七、收获

稻谷收割前后收鱼，收获时捕大留小（图 3-12、图 3-13）。

图 3-12　准备去收获田鲤的开心情形

图 3-13　收获融水田鲤的传统工具

第四节　产品品质控制

一、外在感官特征

融水田鲤体形修长，背高、腹平、吻长，头顶部的额骨、顶骨及上枕骨两侧表皮各有 1 个对称的蝴蝶结状的金色图纹，背鳍两侧各有 2 列金黄色亮丽的鳞片，臀鳍和尾鳍下叶呈橘红色，个体重 50 ～ 250 g（图 3-14 至图 3-17）。

图 3-14　融水田鲤雄鱼背面特征

图 3-15　融水田鲤雄鱼腹面特征

图 3-16　融水田鲤雌鱼背面特征

图 3-17　融水田鲤雌鱼腹面特征

二、内在品质指标

融水田鲤肉质鲜嫩，骨刺细软，鱼汤清甜，食无腥味。每百克鱼肉含蛋白质≥16.0 g，氨基酸总量≥15.0 g，脂肪≤4.0 g；每千克鱼肉含钙78.0～295.0 mg、铁2.8～6.5 mg、锌6.5～14.0 mg、硒0.1～0.3 mg。

三、产品安全要求

融水田鲤产品安全卫生指标必须符合《食品安全国家标准 食品中污染物限量》（GB 2762—2022）、《食品安全国家标准 食品中农药最大残留限量》（GB 2763—2021）等标准的要求。

第五节　包装标识使用规定

1. 符合下列条件的单位和个人，可以向登记证书持有人申请使用农产品地理标志

（1）生产经营的农产品产自登记确定的地域范围。

（2）已取得登记农产品相关的生产经营资质。

（3）能够严格按照规定的质量技术规范组织开展生产经营活动。

（4）具有地理标志农产品市场开发经营能力。使用农产品地理标志，应当按照生产经营年度与登记证书持有人签订农产品地理标志使用协议，在协议中载明使用的数量、范围及相关的责任义务。

2. 农产品地理标志使用人享有以下权利

（1）可以在产品及其包装上使用农产品地理标志。

（2）可以使用登记的农产品地理标志进行宣传和参加展览、展示及展销。

3. 农产品地理标志使用人应当履行以下义务

（1）自觉接受登记证书持有人的监督检查。

（2）保证地理标志农产品的品质和信誉。

（3）正确规范地使用农产品地理标志。

4. 从事地理标志农产品的生产经营者，应当建立质量控制追溯体系

农产品地理标志登记证书持有人和标志使用人，对地理标志农产品的质量和信誉负责。

第四章 融水田鲤生产技术规程

第一节 稻田工程建设规程

一、养鱼稻田条件

1. 水源条件

水源水质保证良好无污染，水质指标符合《农田灌溉水质标准》（GB 5084—2021）和《渔业水质标准》（GB 11607—1989）；水量充足，并设有独立的排灌渠道，排灌方便，能做到旱不干、涝不淹，确保稻田水量可以及时得到控制（图4-1）。

图4-1 融水田鲤稻渔综合种养水源状况

2. 土质条件

首先稻田保水力强，无污染，无浸水、不漏水，其次要求田间土壤比较肥沃，呈中性至弱碱性，土壤中有机质含量丰富，稻田底栖生物群落丰富，能给所养殖的鱼类提供丰富多样的饵料生物（图4-2），土质指标要符合《土壤环境质量标准》（GB 15618—2008）。

图4-2　养殖融水田鲤的稻田土质外观

3. 光照条件

光照充足，同时又有一定的遮阳条件。稻谷的生长需要良好的光照条件进行光合作用，田鲤生长也需要适当的光照，因此养鱼的稻田一定要有良好的光照条件。但在夏季应防止水温过高影响鱼类的正常生长，可在鱼坑上方搭建一定的遮阳设施（图4-3）。

图4-3　融水田鲤养殖环境光照条件状况

二、田间工程建设

稻田田间工程改造在10月水稻收割结束后开始实施，翌年2月前完成。稻田田间工程开挖的鱼沟和鱼坑面积不超过种养稻田总面积的10%（图4-4）。

图 4-4　融水田鲤稻田田间工程建设模式

1. 田埂建设

田埂高出田面 40 ～ 60 cm，顶宽 40 ～ 50 cm，加固夯实或硬化，确保不渗漏（图 4-5）。

图 4-5　田埂建设参考

2. 鱼坑和鱼沟建设

种稻前在田间挖鱼沟、鱼坑，两者一般在稻田的较低部位。

鱼坑为长方形或正方形，建于田边排灌水口或其他方便管理的位置，鱼坑面积占稻田总面积的 3% ～ 5%，深度应低于田面 80 ～ 100 cm，用松木板和其他材料加固或硬化鱼坑四周防止坍塌。鱼坑堤坝应高出田面 40 ～ 60 cm，并设 1 ～ 2 个开口与鱼沟相通。鱼坑上方可搭建遮阳棚，并在四周栽种攀藤瓜菜遮阳。

鱼沟建设是根据田块大小设计成"一""七"等字形，并与鱼坑相通；鱼沟宽 40 ～ 60 cm、深 30 ～ 50 cm；鱼沟面积占稻田总面积的 3% ～ 5%（图 4-6）。

图 4-6 鱼沟和鱼坑建设

3. 农机通道

设置农机通道时应保证农用机械可以顺利通行，且不影响鱼沟水体循环流动。在交通便利的一侧，每块田设置农机通道 1 处，宽 4 m 以上，使用 1～2 根直径 0.6～1 m 加钢筋水泥涵管并列埋于鱼沟中用田土填平，为防止水泥涵管出现淤积，水泥涵管底部应高于鱼沟底部 20 cm。

4. 排灌水口

新建养鱼稻田，排灌水口设置在稻田对角，排灌水设施常用砖砌、水泥涵管或塑料管。旧养鱼稻田应进行检查，夯实排灌水口，防止漏水。

5. 防逃设施安装

在排灌水口安装拦鱼栅防逃。拦鱼栅的材料可用竹栅、铁筛网、塑料网片和网衣等，拦鱼栅的宽度、高度和孔隙依据排灌水口的大小而定，以不逃鱼、不堵水为宜。安装拦鱼栅时，上端高出水面 20～30 cm，下端埋入土中 20 cm 以上，两侧嵌入稻田 15～20 cm，扎实牢固，为保险起见拦鱼栅（防逃设施）应设置 2 层（图 4-7）。

图 4-7 拦鱼栅设置参考模式

6. 诱虫灯安装

每 20～50 亩地安装 1 盏诱虫灯（图 4-8）。

图 4-8　稻田中安装诱虫灯

第二节　养殖生产前期准备工作

一、清田整地和消毒

清田整地和消毒工作应在投放鱼种之前进行，清除田间的野杂鱼及有害生物，消灭病菌。整地的质量要求是把稻田耕作层清整为深、软、净、平。

稻田消毒可选用生石灰、漂白粉或专用消毒药物等。采用生石灰干法消毒时，可用水将其溶化成糊状，然后进行全田泼洒，也可直接将生石灰粉撒入稻田，生石灰用量为每亩 50～75 kg；采用湿法消毒时，水深 1 m 每亩用生石灰 100～150 kg，消毒后 10～15 天后可投放鱼种。采用漂白粉干法清田，漂白粉用量为每亩 5～10 kg，先将漂白粉在木桶（不能使用金属容器）内加水溶解，稀释后全田均匀泼洒，带水清田，水深 1 m 用量为每亩 10～20 kg，消毒后 5～7 天可投放鱼种。专用消毒药物要按说明书使用。

二、肥田肥水

以发酵腐熟的有机肥为主，插秧前每亩施用有机肥 200～300 kg，后期根据水稻长势适量追肥（图 4-9）。

图 4-9 稻田里施用有机肥

第三节 鱼苗投放操作规程

一、鱼种质量要求

鱼种质量应符合融水田鲤的外观特征，要求规格整齐，游泳力强，体质健壮，并经检验检疫合格（图 4-10）。

图 4-10 融水田鲤鱼种

二、放养时间

稻田插秧 7 天后可投放鱼种，投放前用 3%～5% 食盐水浸泡消毒鱼体 5～10 分钟。在清晨或傍晚气温较低时投放，阴天全天可投放。

三、放养密度

投放的鱼苗应全长 7 cm 以上，每亩投放 200～500 尾。在投放鱼苗时，应严格注意运输用水与稻田水的温差，若两者温差较大，待水温接近时，再投放鱼苗入稻田中。鱼苗投放时动作要熟练、轻快，避免鱼体受伤。尽量选择往鱼坑和鱼沟中投放，让其

自行分散（图 4-11）。

图 4-11　投放鱼种方式

第四节　养殖日常管理

一、投饲管理

1. 饲料种类

以稻田里的浮游生物、田里发酵的秸秆和禾花等饵料为宜，补充投喂玉米粉、米糠、南瓜、红薯或菜叶等农家饲料。

2. 投喂方法

每天投喂 2 次，投喂时将农家饲料投于鱼坑里。做到定质、定量、定时、定位投喂，日投喂量为鱼体重量的 2%～3%，遵循"三看"原则，即看鱼、看水、看天气，并根据实际情况适当灵活调整，如遇天气闷热或者天气骤变、气温过低时，应减少或暂停投饵。在鱼沟或鱼坑固定位置，每天上午、下午各投喂 1 次，即 8：00～9：00 和 15：00～16：00，每次投喂至七八成饱即可，即投喂饲料时集群吃食的鱼 70%～80% 游走便可停止投饲（图 4-12）。

图 4-12　投喂农家饲料

二、水质管理

种植养殖期间，应定期换水，及时加注新水，保持水色为青绿色或油绿色，透明度保持在 30 cm 左右，根据天气情况每隔 3 ～ 5 天换水加注新水 1 次，每次换水量为1/3，保持水质良好（图 4–13）。

图 4–13　养殖期间保持水质良好

三、换水管理

养殖期间根据水质状况适时换水或保持微流水状态。若水质较差，可选用水质改良剂或光合细菌、EM 菌等微生物制剂在沟坑内泼洒，调节水质（图 4–14）。

图 4–14　养殖期间水质较差时要及时换水

四、巡护管理

应定期检查排灌水口拦鱼栅、鱼沟、鱼坑和田埂，查看水色、水位及鱼的活动情况。

检查田埂有无漏洞、塌陷，排灌水口有无堵塞，并及时采取相应措施妥善处置；雨季应注意防止洪水漫田逃鱼；对稻田中老鼠、蛇等要及时清除、驱除（图4-15）。

图4-15　日常的巡查管理

五、建立好养殖生产档案

应建立生产档案，对环境条件、水稻种植与管理、鱼种放养、日常管理、病虫害防治等种植养殖过程进行详细记录，易于识别和检索，并妥善保存，防止丢失。

第五节　水稻种植技术规程

一、培育壮秧

1. 壮秧的标准

一般来说，壮秧包括以下三类指标。

（1）形态指标。壮秧在形态上有四项要求，一是叶片宽大挺健、不软弱披垂；二是叶色青绿，不浓不淡；三是根系发达，短白根多；四是秧苗生长整齐、瘦苗弱苗极少。

（2）生理指标。一是光合能力强，体内贮藏的营养物质丰富；二是碳氮比（C/N）协调；三是秧苗的束缚水含量较高，自由水含量较低。

（3）栽后生长特性指标。一是栽后生根力强，壮秧的茎基（假茎）粗扁、根原基数量多；二是植伤率低，壮秧新短白根多。

2. 种子播前处理

（1）晒种选种。浸种前抢晴晒种5～6小时，再用清水淘洗，除去病谷、秕谷，以提高发芽率和发芽势，达到发芽整齐的目的。

（2）浸种。一般早稻浸种24～36小时，水温气温高时间短些，每隔6～8小时换水 1 次（种子吸足水分的特征为谷壳颜色变深，折断米粒无响声）。

（3）消毒。起水晾干 6 ～ 8 小时，再用 50% 多菌灵或 85% 强氯精 500 倍稀释液（强氯精 10 g 兑水 3 ～ 4 kg，浸种子 3 ～ 4 kg），消毒种子 10 ～ 12 小时。浸泡后用清水洗净、晾干。以防残留消毒液影响种子发芽。

（4）催芽。将消毒后并吸饱水的种子盛入透气的编织袋中，沥干水。放入 32 ～ 36 ℃的温水中浸种 10 ～ 15 分钟进行破胸，起水后趁热将种子袋放入箩筐内，再用旧棉被、棉衣将箩筐包好，进行保温（25 ～ 28 ℃）保湿催芽，隔 7 ～ 8 小时，检查种子湿度，若太干，可淋温水，直到露白、长芽（干长根，湿长芽）。催芽的标准为芽长半粒谷、根长一粒谷。如果是机械插秧催芽至露白即可。秧盘育秧芽也不能太长。还要注意常温下练芽 5 ～ 8 小时后才能播种。同时，最好是选择冷尾暖头时段播种。

3. 苗床准备

（1）秧盘育秧苗床准备。苗床厢面要求达到上糊下松、沟深面平、肥足草净、软硬适中的要求。

（2）半水育秧苗床准备。秧田应选择避风向阳、土壤肥沃、结构良好、熟化程度高、排灌方便、运输方便的田块。

4. 播种

（1）半水育秧，每亩大田需要 10 ～ 15 m² 的秧田。

（2）秧盘播种，每亩大田需要 434 孔的秧盘 55 ～ 60 个或 561 孔的秧盘 45 ～ 50 个。

（3）机插秧，每亩大田需要 20 ～ 25 个秧盘。

5. 盖膜

盖膜的主要目的是增温保湿，还可以减少杂草的生长，防止病虫的侵害。

6. 秧苗管理

（1）温度的管理。从播种到 1 叶期保温保湿，拱棚内温度高于 35℃则揭膜通风。1 ～ 2 叶期通风炼苗，晴天 10:00 ～ 15:00 揭开薄膜一头通风口；2 叶期揭开薄膜两头通风口，控温控湿，防止徒长；3 叶期视天气晴好可全揭膜。

（2）水分的管理。从播种到 1 叶期，保持沟水，以干促根；1 ～ 3 叶期灌溉，浅水层保持 1 ～ 2 cm，促进秧苗分蘖；3 ～ 6 叶期保持浅水层 2 ～ 3 cm；6 ～ 7 叶期灌溉，深水层 5 ～ 6 cm，以利于拔秧。

（3）施肥。1 叶 1 心时，每亩秧田施用尿素 3 kg 作为"断奶肥"；插秧前 3 ～ 5 天每亩秧田施尿素 5 kg，或喷施 0.2% ～ 0.3% 磷酸二氢钾叶面肥 1 次作为"送嫁肥"。

（4）病虫草害防治。早稻注意防治立枯病、稻瘟病，一季晚稻注意防治稻蓟马、稻纵卷叶螟及苗瘟等。在移栽前 3 ～ 5 天，用杀虫剂和杀菌剂两者混合，喷施防治病虫害。

二、合理密植、适时插秧

1. 合理密植

插秧密度：高肥力稻田，中稻插1.8万～2.2万蔸；中、低肥力稻田，中稻插2.0万～2.4万蔸。

2. 适时插秧

（1）适时插秧。早稻在5月1日前结束插秧（图4-16）；中稻于5月下旬至6月上旬结束插秧。

图4-16　养殖融水田鲤的稻田春季插秧后景象

（2）提高插秧质量。留0.4～0.6 m宽的工作行，厢面宽2.4～3.3 m；按宽行窄株种植。

三、田间管理规范

（1）在施足基肥的基础上，早施分蘖肥。移栽后5～7天，每亩追施复合肥（N∶P∶K=15∶15∶15）10～15 kg，或每亩追施5～7.5 kg尿素+7.5 kg钾肥作分蘖肥。第二次追肥，插后15～18天，看禾苗长势而定是否追肥（图4-17）。

（2）巧施穗肥。幼穗分化至大胎期，如果叶色偏黄，每亩追施复合肥2～5 kg；抽穗期至灌浆期，每亩用磷酸二氢钾0.2 kg+尿素0.5 kg兑水50 kg喷施。

（3）合理灌溉。移栽时保持浅水层2～3 cm。移栽后30～35天，排水晒田，晒至叶色变淡、叶片挺起为宜。孕穗期、抽穗期保持4～5 cm水层管理，扬花期灌溉6～10 cm深水层，灌浆期湿润灌溉，黄熟期晒田至微裂、下田不陷脚为宜。

图 4-17　融水田鲤养殖小区水稻生长

具体的水分管理要点是浅水移栽，一般有 1 cm 水层即可，最多不超过 1.5 cm 直至分蘖、晒田。后期水分管理要点是足水抽穗，湿润灌浆，干湿壮籽，适时断水。

晒田时间：早造移栽后 25 天晒田，晚造移栽 20 天后晒田。

晒田的作用：第一增加土壤的含氧量，可分解土壤有害物质起到解毒作用；第二控制无效分蘖的发生；第三防止倒伏。

晒田操作：要轻晒，田面变硬，手压时手不黏泥，大田中间不开裂，田边可许小裂。如晒 1 次不理想可多晒 1 次，晒到叶片淡淡转色即可达到效果（图 4-18）。

图 4-18　晒田晒到水稻叶片淡淡转色

四、综合防治病虫草害

1. 生态防治

每 15 ～ 25 亩安装 1 盏太阳能杀虫灯（图 4-19），诱杀害虫；以有机肥为主要肥料，减少病虫害发生；利用稻田水层的深浅交替来控制杂草的生长；移栽后 20 ～ 30 天人工除草 1 次，也可根据杂草为害程度及时除草。

图 4-19　稻田里安装诱杀虫装置

2. **药剂防治**

（1）分蘖期药剂防治。移栽后 12 ～ 15 天，每亩用 75％ 三环唑可湿性粉剂 30 g、20％ 抑食肼可湿性粉剂 150 m、10％ 吡虫啉可湿性粉剂 20 g 或 50％ 吡蚜酮可湿性粉剂 16 g，兑水稀释 1000 ～ 1200 倍喷雾防治叶瘟、稻纵卷叶螟、稻飞虱等病虫害。

（2）孕穗期药剂防治。每亩用 5％ 井冈霉素水剂 150 ml、50％ 吡蚜酮可湿性粉剂 16 g，兑水稀释 1000 ～ 1200 倍喷雾防治水稻纹枯病、稻飞虱。向秧苗中部、根部均匀喷雾，田间保持 2 ～ 3 cm 水层。

（3）破口期药剂防治。每亩用 2％ 春雷霉素水剂 23 g、30％ 爱苗 20 ml，兑水稀释 1000 ～ 1200 倍喷雾防治穗颈瘟、稻曲病。

（4）灌浆期药剂防治。每亩用 2％ 春雷霉素水剂 30 g，兑水稀释 1000 ～ 1200 倍喷雾防治枝梗瘟、谷粒瘟。

五、收获和留种

（1）适时收割。一般 90％ 的谷粒变黄且穗枝梗变黄时，即为收获适期（图 4-20）。

图 4-20　收获

（2）留种。杂交水稻不留种，常规水稻要进行选种留种，应在收获前 1 ～ 2 天进行去杂株除劣株工作，以保证品种的纯度。

（3）及时干燥。稻谷收割后，要及时晒干或烘干（图 4-21）。

图 4-21 及时晾晒

（4）安全贮藏。稻谷含水率应控制在 14% 以内。

（5）合理利用副产品。米糠可以用作优质的有机饲料。秸秆是很好的有机肥源，提倡秸秆还田（图 4-22）。

图 4-22 秸秆还田

第五章 融水田鲤农产品地理标志知识问答

第一节 有关农产品地理标志知识的问答

1. 什么是农产品地理标志

农产品地理标志是指标示农产品来源于特定地域，产品品质和相关特征主要取决于自然生态环境和历史人文因素，并以地域名称冠名的特有农产品标志（图5-1）。此处所称的农产品是指来源于农业的初级产品，即在农业活动中获得的植物、动物、微生物及其产品。

图5-1 中国农产品地理标志标识

2. 农产品地理标志登记管理工作由谁负责

农业农村部负责全国农产品地理标志的登记工作，农业农村部农产品质量安全中心负责农产品地理标志登记的审查和专家评审工作。省级人民政府农业行政主管部门负责本行政区域内农产品地理标志登记申请的受理和初审工作。农业农村部设立的农产品地理标志登记专家评审委员会，负责专家评审。

3. 农产品地理标志登记是否收费

农产品地理标志登记管理是一项服务广大农产品生产者的公益行为，主要依托政府推动，登记不收取费用。《农产品地理标志管理办法》规定，县级以上人民政府农业行政主管部门应当将农产品地理标志管理经费编入本部门年度预算。

4. 什么样的产品可以申请农产品地理标志登记

申请地理标志登记的农产品，应当符合下列条件：称谓由地理区域名称和农产品通用名称构成；产品有独特的品质特性或者特定的生产方式；产品品质和特色主要取决于独特的自然生态环境和人文历史因素；产品有限定的生产区域范围；产地环境、产品质量符合国家强制性技术规范要求。

5. 对农产品地理标志登记申请人资质有什么要求

农产品地理标志登记申请人应当是由县级以上地方人民政府择优确定的农民专业合作经济组织、行业协会等服务性组织，并满足以下 3 个条件：具有监督和管理农产品地理标志及其产品的能力；具有为地理标志农产品生产、加工、营销提供指导服务的能力；具有独立承担民事责任的能力。

6. 企业、个人能否作为农产品地理标志登记申请人

农产品地理标志是集体公权的体现，企业和个人不能作为农产品地理标志登记申请人。

7. 农产品地理标志登记申请需要提交哪些材料

符合农产品地理标志登记条件的申请人，可以向省级人民政府农业行政主管部门提出登记申请，并提交下列申请材料：登记申请书；申请人资质证明；产品典型特征特性描述和相应产品品质鉴定报告；产地环境条件、生产技术规范和产品质量安全技术规范；地域范围确定性文件和生产地域分布图；产品实物样品或者样品图片；其他必要的说明性或者证明性材料。

8. 农产品地理标志登记审查的流程是怎样的

省级人民政府农业行政主管部门自受理农产品地理标志登记申请之日起，应当在 45 个工作日内完成申请材料的初审和现场核查，并提出初审意见。符合条件的，将申请材料和初审意见报送农业农村部农产品质量安全中心；不符合条件的，应当在提出初审意见之日起 10 个工作日内将相关意见和建议通知申请人。

农业农村部农产品质量安全中心应当自收到申请材料和初审意见之日起 20 个工作日内，对申请材料进行审查，提出审查意见，并组织专家评审。经专家评审通过的，由农业农村部农产品质量安全中心代表农业农村部对社会公示。有关单位和个人有异议的，应当自公示之日起 20 日内向农业农村部农产品质量安全中心提出。公示无异议的，由农业农村部做出登记决定并公告，颁发《中华人民共和国农产品地理标志登记证书》，公布登记产品相关技术规范和标准。专家评审没有通过的，由农业农村部做出不予登记的决定，书面通知申请人，并说明理由。

9. 农产品地理标志登记证书有效期是多长时间

农产品地理标志登记证书长期有效。有下列情形之一的，登记证书持有人应当按照规定程序提出变更申请：登记证书持有人或者法定代表人发生变化的；地域范围或者相应自然生态环境发生变化的。

10. 对农产品地理标志使用人资质有什么要求

符合下列条件的单位和个人，可以向登记证书持有人申请使用农产品地理标志：生产经营的农产品产自登记确定的地域范围；已取得登记农产品相关的生产经营资质；能够严格按照规定的质量技术规范组织开展生产经营活动；具有地理标志农产品市场开发经营能力。

使用农产品地理标志，应当按照生产经营年度与登记证书持有人签订农产品地理标志使用协议，在协议中载明使用的数量、范围及相关的责任义务。

11. 农产品地理标志使用人有哪些权利和义务

农产品地理标志使用人享有以下权利：可以在产品及其包装上使用农产品地理标志；可以使用登记的农产品地理标志进行宣传和参加展览、展示及展销。

农产品地理标志使用人应当履行以下义务：自觉接受登记证书持有人的监督检查；保证地理标志农产品的品质和信誉；正确规范地使用农产品地理标志。

12. 国家对农产品地理标志如何监督管理

县级以上人民政府农业行政主管部门应当加强农产品地理标志监督管理工作，定期对登记的地理标志农产品的地域范围、标志使用等进行监督检查。登记的地理标志农产品或登记证书持有人不符合相关规定的，由农业农村部注销其地理标志登记证书并对外公告。对于伪造、冒用农产品地理标志和登记证书的单位和个人，由县级以上人民政府农业行政主管部门依照《中华人民共和国农产品质量安全法》有关规定处罚。

13. 是否接受国外农产品地理标志登记

农业农村部将适时接受国外农产品地理标志在中华人民共和国的登记。

14. 农产品地理标志使用档案应当保存多少年

农产品地理标志使用人应当建立农产品地理标志使用档案，如实记载地理标志使用情况，并接受证书持有人的监督。农产品地理标志使用档案应当保存 5 年。

15. 融水田鲤是哪年获得中国农产品地理标志登记保护的

2018 年 11 月，融水苗族自治县水产技术推广站向中国绿色食品发展中心地理标志处提出融水田鲤农产品地理标志登记申请，2019 年 9 月中华人民共和国农业农村部颁证批准融水田鲤获农产品地理标志登记保护。

16. 融水田鲤农产品地理标志证书编号

融水田鲤农产品地理标志证书编号为 AGI02731。

17. 融水田鲤农产品地理标志地域保护范围

融水田鲤地域范围包括融水县所辖的融水镇、和睦镇、大浪镇、永乐镇、三防镇、怀宝镇、洞头镇、香粉乡、四荣乡、安太乡、安陲乡、白云乡、红水乡、拱洞乡、大年乡、良寨乡、同练瑶族乡、汪洞乡、杆洞乡、滚贝侗族乡等 20 个乡镇，地理坐标为东经 108° 34′ ～ 109° 27′，北纬 24° 49′ ～ 25° 43′。

第二节　有关融水田农产品地理标志人文因素的问答

18. 为什么说融水田鲤与苗家人的生活息息相关

融水田鲤是苗家水面养殖必不可少的一种鱼类，与苗家生活息息相关；融水苗家人常有过节用鲤、结婚用鲤、乔迁新居用鲤、打同年用鲤的习俗，除此之外，在生产、生活、就学、从政中，还有开耕用鲤、收割用鲤、访亲用鲤、拜师用鲤、升学用鲤、晋官用鲤、上山捕猎用鲤、修路搭桥用鲤、祭祀用鲤等。苗家用鲤作为各种活动的吉祥物和供品，已有千年历史。

19. 融水田鲤在哪些资料有记载

在 1998 出版的《融水苗族自治县志》、2009 年编制《融水苗族自治县概况》、2009 年编制的《融水苗族》和 2015 年出版的《融水苗族风情与传说》等图书文献也都有融水田鲤的相关记载。

20. 融水县的新禾节有何习俗

关于新禾节习俗，《融水苗族自治县志》（1998 年版）收录：这天，家家户户都要从稻田摘回三棵禾胎，掺和在蒸熟的糯米饭里，菜肴以鱼为主，有鱼粥、煎鱼、烤鱼等。

21. "田鲤"的叫法来源是什么

据《融水苗族》（2009 年）记录："田鲤。也叫禾花鱼，比一般鲤鱼小，只有三只手指并拢般大小，重六七两。因放养在稻田里，专吃禾叶和稻花长大，故得名。"

22. 苗家人为什么崇拜鲤鱼

《融水苗族》（2009 年）中描述：苗族过年过节、操办喜事、祭拜祖先、敬神驱邪，都以酸鲤鱼作为供品。鲤鱼性情温柔，活泼可爱，体态丰满，健美长寿，繁殖力强，易养快大，是苗家水面养殖必不可少的一种鱼类，与苗家生活息息相关。因此，苗家人特别崇拜鲤鱼。

23. 苗家人传统的"烤田鲤"活动包括哪些内容

主要是苗家人在稻谷收割季节,在田边燃起旺火,将鱼串放在火上烤,将鱼烤得焦黄,食用时,用姜、蒜、辣椒等佐料,调成汤水,煮沸后将烤鱼置入汤中,和汤就食,其味清甜鲜美,有的在汤里加放些野菜,别有一番风味(图5-2)。

图5-2 收割季节在田边烤田鲤

24. 融水田鲤产业的发展在当地农业经济发展中的地位如何

融水非常重视融水田鲤养殖产业发展,并列入《融水苗族自治县"十三五"国民经济发展纲要》,在《融水苗族自治县"十三五"产业精准扶贫规划2016—2020》中列为全县"5+2"扶贫主导产业之一,依照《融水苗族自治县"十三五"产业精准扶贫规划2016—2020》,进一步推进稻田禾花鲤养殖项目建设进程,大力实施产业扶贫,并把稻田养鱼作为山区群众增收致富的主要措施,积极推进稻田养鱼工作。2021年,融水稻田养鱼总面积已达7.3万亩,平均亩产鲜鱼35 kg,稻田鱼产量2555 t,产值达1.28亿元。融水田鲤产业已发展成为融水苗族自治县乡村振兴的重要产业。

25. 融水每年的"金秋烧鱼季"历时多长

融水县历来都有烤鱼迎丰收的习俗(图5-3),每年举办的"金秋烧鱼季"历时4个月。

图5-3 "金秋烧鱼季"着盛装烤鱼的苗族姑娘

26. 融水田鲤的生长环境有何特点

融水田鲤生产区域处于云贵高原苗岭山地向东延伸的丘陵地带，群山连绵，属低纬度亚热带季风气候区，四季分明，昼夜温差较大，年平均气温 19.9 ℃，年平均水温 19.8℃；雨量充沛，雨热同季，年平均降水量 1841.5 mm；年平均日照数 1329.9 小时，无霜期达 322 天。稻田以梯田为主，位于山脚至山顶的 1/3 ～ 2/3 区域，海拔 200 ～ 1350 m。土壤为红壤土和黄壤土，土壤潮湿、疏松，土层肥厚，有机质含量高，水体富含鱼类的天然饵料生物。

第三节 有关融水田鲤特征特性的问答

27. 融水田鲤外观特征有哪些

融水田鲤体形修长，背高、腹平、吻长，头顶部的额骨、顶骨及上枕骨两侧表皮各有 1 个对称的蝴蝶结状的金色图纹，背鳍两侧各有 2 列金黄色亮丽的鳞片，臀鳍和尾鳍下叶呈橘红色，个体重 50 ～ 250 g（图 5-4）。

图 5-4　融水田鲤背面外观特征

28. 融水田鲤鱼肉有何特性

融水田鲤肉质鲜嫩，骨刺细软，鱼汤清甜，食无腥味。

29. 融水田鲤农产品地理标志经检测的营养指标有哪些

据检测，融水田鲤每百克鱼肉含蛋白质 ≥ 16.0 g，氨基酸总量 ≥ 15.0 g，脂肪 ≤ 4.0 g；每千克鱼肉含钙 78.0 ～ 295.0 mg、铁 2.8 ～ 6.5 mg、锌 6.5 ～ 14.0 mg、硒 0.1 ～ 0.3 mg。

第四节　有关融水田鲤稻渔综合种养生产的问答

30. 开展融水田鲤养殖的稻田应具备什么条件

稻田基本条件：土质肥沃，保水力强，pH 值呈中性至微碱性（图 5-5）。

图 5-5　养殖融水田鲤的梯田景观

31. 融水田鲤稻田养殖工程建设内容有哪些

一是田基改造：在田基内侧用砂石混凝土浇筑，混凝土顶部 10 cm，基部 12 cm，高出田面 40 cm 以上。

二是坑沟建设：在稻田开挖 1 ～ 2 个深 0.5 ～ 1 m、面积 5% 以下的坑沟，坑沟上用树皮、稻草等搭建遮阳棚（图 5-6）。

三是拦鱼设施建设：在稻田排灌水口布置拦鱼设施。

图 5-6　融水田鲤稻田养殖工程建设讨论

32. 如何建设拦鱼栅栏

拦鱼栅的材料可选竹栅、铁筛网、塑料网片和网衣等，拦鱼栅的孔隙或网眼大小，根据所投放鱼种规格来确定，以不逃鱼、确保水流通畅为标准，将拦鱼栅安装在排灌水口和溢洪口处，安装时，使其呈弧形，凸面逆水安装，宽度为排灌水口的 1.5 倍，上端高出水面 20 ~ 30 cm，下端埋入土中 20 cm 以上，两侧嵌入稻田 15 ~ 20 cm，扎实牢固，为保险起见拦鱼栅应设置 2 层。

33. 如何开展清田消毒

清田消毒工作应在投放鱼苗之前进行，清除田间的野杂鱼及有害生物。可选用生石灰、漂白粉或专用消毒药物等。采用生石灰干法消毒时，可用水溶化成糊状，然后进行全田泼洒，也可直接将生石灰粉撒入稻田，每亩用生石灰 50 ~ 75 kg；湿法消毒时，水深 1 m 每亩用生石灰 100 ~ 150 kg，消毒后 10 ~ 15 天后可投放鱼苗。漂白粉干法清田，每亩用漂白粉 5 ~ 10 kg，先将漂白粉在木桶（不能使用金属容器）内加水溶解，稀释后全田均匀泼洒；如带水清田，水深 1 米每亩用漂白粉 10 ~ 20 kg，5 ~ 7 天后可投放鱼苗。

34. 开展融水田鲤养殖时一般何时投放鱼苗

每年插秧时节，苗族人民在清泉中培育融水田鲤，然后把鱼苗分养到梯田中。一般是插秧后 10 天左右投放融水田鲤鱼种。

35. 开展融水田鲤养殖时一般投放多大规格的苗种、养殖密度是多少

开展融水田鲤养殖，一般放养全长 7 cm 以上的苗种；每亩投放 200 ~ 500 尾。

36. 投放鱼苗时要特别注意哪些问题

投放鱼苗时（图5-7），一是要特别注意水的温差，就是运鱼容器的水温与稻田水温的温差，相差不能超过3℃，当鱼运到田边，应先将田中清水逐渐加入运鱼容器内，使水温慢慢一致，然后将少量鱼放入鱼坑中，半天后鱼如无异常，再将鱼种全部放入田中，这样可避免鱼种因消毒药残留而中毒；二是要做到鱼种肥水下田，在鱼坑消毒后就向田中施放有机肥，使田水呈黄绿色或黄褐色，浮游生物繁多，确保鱼苗一下田就有适口的饵料；三是切忌将鱼种放入混浊或泥浆水中，易造成鱼种死亡；四是鱼苗投放时动作要熟练、轻快，避免鱼体受伤，尽量选择在鱼坑和鱼沟投放，让其自行分散。

图5-7　投放鱼种情形

37. 养殖融水田鲤的稻田水位如何管理

稻田水位管理根据水稻生长的需要与田鲤对水的要求保持基本一致，稻田水位由浅到深。除晒田阶段外，水稻生长初期保持田面水深3～5 cm，随着水稻的生长，高温时保持稻田最大水位，田面水深至10～20 cm，最好能通过引水渠注水到鱼沟、鱼坑中，使田水处在微流水状态更佳。

38. 在稻田中开展融水田鲤养殖有几种方式

有两种方式，一是夏季稻田养鱼，5月插秧后投放鱼种，10月收获。二是冬闲田养鱼，11月投放鱼种，翌年4月收获。

39. 融水田鲤在稻田主要摄食什么

融水田鲤以梯田中的天然饵料生物、滋生在水稻上的害虫为食。6～7月，禾花盛开，梯田中的禾花飘落水田，融水田鲤竞相争食。养殖期间适时投喂米糠、蔬菜等农家饲料。

40. 融水田鲤养殖过程如何开展投喂管理

投放密度不大时，融水田鲤主要靠摄食田中的浮游生物和有机碎屑为生。当需要投喂配合饲料时，应做到定质、定量、定时、定位投喂，日投喂量为鱼体重量的 2% ～ 3%。日常管理要遵循"三看"原则，即看鱼、看水、看天，并根据实际情况做灵活适当调整，如遇天气闷热或者天气骤变、气温过低时，应减少或暂停投饵。投料位置应固定在鱼沟或鱼坑里，每天投喂 2 次，即 8：00 ～ 9：00 和 15：00 ～ 16：00，每次投喂至七八成饱即可，即投喂饲料时集群吃食的鱼 70% ～ 80% 游走则停止投饲。

41. 开展融水田鲤稻田养殖如何追肥

早稻每亩施用氯化钾 2.5 kg、尿素 7.5 kg，晚稻每亩施用氯化钾 5 kg、尿素 7.5 kg。追肥应避免高温天气，追肥时先将稻田中的水降至田面以下，让鱼自然集中于鱼坑或鱼沟内再施肥；肥料应施在田面上，避免化肥直接撒落鱼沟或鱼坑。

42. 开展融水田鲤养殖生产中喷施农药时应注意什么问题

水稻需要用药时，必须使用对鱼无危害或危害小的低毒农药。施药前加灌田水或将鱼集中于鱼沟和鱼坑中。水剂药物应在晴天稻叶上无露水时喷洒；粉剂药物应在早晨稻叶上露水未干时喷洒。

43. 融水田鲤生产过程如何正确处理稻作与养鱼的关系

养鱼与晒田、夏收夏种，历来是稻田养鱼中最突出的矛盾。在养殖过程中，除加高田埂加深鱼沟外，还要采取措施：一是晒田，只在水稻分蘖期浅水晒田 7 ～ 10 天，其他时间保持稻田水深在 30 cm 以上；二是早稻成熟时采取保水收割，避免在高温季节排水后稻田水体缩小导致田鲤产生应激，影响正常生长。

44. 融水田鲤养殖生产日常管理主要有哪些工作

主要工作：经常检查田埂，防漏防垮；在夏季多雨季节，排灌水口的拦鱼栅要经常清除杂物，保证排灌水口畅通；经常清理鱼沟、鱼坑，使沟坑内的水保持通畅等。

45. 融水田鲤养殖过程如何晒田

晒田要轻晒或短期晒，时间要尽量短，做到晒田不晒鱼，不伤鱼晒田程度以田块中间不陷脚，田边表土无裂纹和发白为宜。晒田时，让水缓缓流出，水位降低到田面露出为宜，使田鲤全部游到沟坑内，保持沟坑水位 60 cm 以上，并加强水质管理，注意水质过浓或水温过高造成鱼浮头等病害，有条件的保持沟坑微流水，最好每天将鱼沟坑水更换一部分。晒好后，应及时恢复原水位，且为了避免导致沟坑内的田鲤长时间密度过大而产生不利影响，尽可能不要晒得太久。

46. 融水田鲤养殖过程如何防治鱼病

稻田养殖过程中田鲤病害虽不多，但有时也会出现水霉病、烂鳃病、赤皮病、肠炎等病症，因此应重视鱼病防治，将此作为日常工作中的重要内容。

（1）坚持预防为主，防治结合的原则。做好沟坑特别是旧稻田的消毒工作，沟坑晾晒后，每亩用生石灰 60 ～ 70 kg 对鱼沟鱼坑做消毒处理。鱼苗投放前，用 3% ～ 5% 的食盐水浸浴 5 ～ 10 分钟或用 10 ～ 20 mg/L 的高锰酸钾浸浴 10 ～ 15 分钟进行消毒，投放鱼苗时动作要熟练、轻快，防止鱼体创伤。

（2）科学合理用药。在鱼苗发生病害，或水中有害生物大量生长时，严禁使用禁用药物。应科学合理使用药物，及时对田水消毒，并且投喂药饵进行治疗。

47. 开展融水田鲤收获时应遵循什么原则

水稻收割前后收鱼，收获时遵循"捕大留小"原则。收获前先排水，慢慢将田鲤集中到鱼沟、鱼坑中，待暂养沟坑水位降到一定深度，用小网捕起。若捕捞在水稻收割前进行，为了将田鲤捕捞干净，又不影响水稻生长，可进行排水捕捞，也可结合休闲旅游活动进行垂钓捕获。有条件的地方可以田塘结合，将起捕的成鱼集中到池塘中，待价销售。

48. 开展融水田鲤稻田养殖的田块选择应注意什么问题

由于化肥农药的连年使用，很多田块并不满足开展融水田鲤稻田养殖的条件。开展融水田鲤稻渔综合种养的田块应无污染源，水源清澈，具有良好的土质、气候、地理生态条件（图 5-8）。

图 5-8 养殖融水田鲤的稻田景观

49. 融水田鲤稻渔综合种养的施肥管理有何技巧

一是提倡施用饼肥、绿肥等有机肥料。在插秧一个星期前，先将绿肥（紫云英）耕入田间或将腐熟的饼肥撒入田间。

二是在水稻生长的关键节点适时施用有机肥。在水稻分蘖前期，施分蘖有机肥；抽穗扬花时，施用叶面有机肥。

50. 开展融水田鲤稻渔综合种养生产如何防治水稻的病虫害

一是做好培育壮秧、合理密植、科学肥水管理、适时搁田等农业措施，增强水稻的抗病虫能力。二是安装二化螟诱捕器。三是在田埂上种植诱捕田间害虫的香根草和波斯菊。四是利用现有自然天敌寄生蜂、蛙类等控制害虫的种群数量。五是生物农药防治，选用经有机认证机构认可的生物农药和植物性农药进行防治，虫害防治用球孢白僵菌、BT 粉剂和苦参碱等；用井冈霉素防治水稻纹枯病；用春雷霉素防治稻瘟病。

第五节　有关融水田鲤品牌及宣传的问答

51. 我国最早关于吃鱼的记载

我国先祖很早就开始捕鱼，并且认识到了鱼的鲜美，殷商时期到西周初期，就有关于吃鱼的正式记载。

52. 关于最早食用鲤鱼的中国著名的历史记载是什么

据《诗经》和出土的青铜器铭文记载，公元前 823 年奉周宣王命出征的大将尹吉甫和张仲在彭衙境内（今陕西省白水县东北部）击败了当时的少数民族猃狁，班师凯旋后，在庆功宴会上吃的鱼脍，就是生鲤鱼片。这是中国关于鲤鱼食用的最著名历史记载。

53. 融水田鲤品牌打造已有哪些基础

融水非常重视融水田鲤养殖产业发展，并列入《融水苗族自治县"十三五"国民经济发展纲要》，在《融水苗族自治县"十三五"产业精准扶贫规划 2016—2020》中列为全县"5+2"扶贫主导产业之一。"苗山金边禾花鲤"2016 年获国家"生态原产地保护产品"证书，2017 年通过有机转换认证，已注册商标"大苗山金边"。融水苗族自治县每年举办"金秋烧鱼季"，历时 4 个月。已建立融水田鲤苗种繁育场，苗种已销往湖南、贵州、云南等省份。

54. 融水田鲤的市场定位及品牌建设方向应如何确定

借助融水苗族自治县荣获全国旅游名县机遇打造"金秋烧鱼季"系列人文农事旅游活动，扩大融水田鲤影响力；延伸融水田鲤产业链，打造深加工系列产品，增加融水田鲤的附加值。

第六节　关于农业文化遗产的知识问答

55. 什么是农业文化遗产

农业文化遗产，是指劳动人民在与生存环境长期融合发展的过程中所创造的传统农耕知识与传统农业技术、传统农业生产经营场所与独特的农业景观，以及与自然环境和谐相处的农耕生态与农耕文化。农业文化遗产经过千百年的发展传承至今，是人类与自然环境和谐相处的典范，具有一定的循环经营性和可持续发展性。我国的每一处重要农业文化遗产，都是人与自然长期和谐相处的独特农业生产经营系统。

56. 农业文化遗产有哪些特点

一是具有历史传承性。农业文化遗产，需要有可以考据的主要物种原产地记录、相关的农耕技术发明和使用的记录，或者主要物种和技术的引进记录，其内容在发明和使用、传承和发展过程中应有数百年的传承。

二是具有环境适应性。随着自然环境和社会环境的不断变化，为了满足人们不断增长的各种需要，传统的农耕技术、作物品种，经历着不断革新、不断演变的过程。这一过程中，会发生功能与结构的调整，但依然具有很好的环境适应性，并从中体现出人与自然和谐相处的独特智慧。

三是具有活态性。农业文化遗产，不同于一般的文物古迹。一般文物已经没有现实的可用性，只是停留在博物馆里唤醒人们的历史记忆，它们作为一种符号或印记被人们保存下来。古迹一般也不再有现实的实用功能性（或是不再强调其现实的功能性），主要对其进行保护与修缮，希望其永远留存下去。农业文化遗产与文物古迹不一样，它很强调活态的保存。也就是说，要在持续不断的农业经营中，保存和传承农业文化遗产。农业文化遗产依然具有现实的生产功能，它是有活力的，可以为现实社会创造出物质的和精神的新价值。

四是具有多功能性。农业文化遗产兼具生产功能（创造物质财富）、生活功能（解决人的就业与生存问题）、生态功能（保护环境，实现生态良性循环）、维系生物多样性功能、农耕文化传承功能、教育功能、景观功能等。

五是具有复合性。农业文化遗产不是单一的某个品种、某种生产知识或是某种技术，它是一个"人类—自然—经济—社会"彼此综合作用的复合系统，也是一个物质系统与文化系统相互交织的复合系统。这个系统涉及各个物种、土壤状况、农田环境、传统农具、传统技术、民间手艺等，也涉及乡土文化、民间习俗、饮食习惯、民居特色、村庄环境、社会经济特点等。农业文化遗产是人类与自然的复合体，是物质与精神的复合体，是农业生产经营与乡土文化的复合体，是农业乡村历史与未来可持续发展的复合体，未来还会是乡村振兴与乡村经济持续发展的复合体。

57. 什么是"全球重要农业文化遗产"

"全球重要农业文化遗产"是指农村与其所处环境长期协同进化和动态适应下所形成的独特土地利用系统和农业景观，具有丰富的生物多样性，可以满足当地社会经济与文化发展的需要，有利于促进区域可持续发展。

58. 开展"全球重要农业文化遗产"认定的目的是什么

目的是通过对农业文化遗产的动态保护和适应性管理，建立全球重要农业文化遗产及其有关的景观、生物多样性、知识和文化保护体系，促进全球粮食安全、农业可持续发展和农业文化传承。

59. "全球重要农业文化遗产"认定是哪年启动的，认定情况如何

"全球重要农业文化遗产"工作由联合国粮农组织（FAO）于 2002 年启动。经过20 年发展，截至 2022 年，共有 22 个国家 65 个项目获此殊荣（亚洲及太平洋区域 8 个国家 43 项；欧洲及中亚区域 3 个国家 7 项；非洲 2 个国家 3 项；拉丁美洲及加勒比区域 4 个国家 4 项；近东及北非区域 5 个国家 8 项），初步构成 FAO 全球重要农业文化遗产网络，另有一批预备项目等待认定。

60. 我国申请"全球重要农业文化遗产"需具备哪些条件

提供保障当地居民粮食安全、生计安全和社会福祉的物质基础；具有遗传资源与生物多样性保护、水土保持、水源涵养等多种生态服务功能和景观生态价值；蕴含生物资源利用、农业生产、水土资源管理、景观保持等方面的本土知识和技术；拥有深厚的历史积淀和丰富的文化多样性，在社会组织、精神、宗教信仰和艺术等方面具有文化传承的价值；体现人与自然和谐演进的生态智慧；已经或正在制定相应的保护与发展规划，所在地民众积极参与保护活动，当地政府给予财政支持和技术保障等。

61. 截至 2022 年底，我国有多少项农业文化遗产被认定为全球重要农业文化遗产

据新华社 2022 年 5 月 24 日消息，联合国粮农组织正式认定福建安溪铁观音茶文化系统、内蒙古阿鲁科尔沁草原游牧系统和河北涉县旱作石堰梯田系统为全球重要农业文化遗产，至此，我国该项遗产达到 18 项，数量居世界首位，第二位是日本，有 11 项。

62. 我国对重要农业文化遗产保护有何重大决策

2015 年我国发布了《重要农业文化遗产管理办法》，确立了"在发掘中保护、在利用中传承"的农业文化遗产保护方针，并提出了"动态保护、协调发展、多方参与、利益共享"的基本原则。在做好 2022 年全面推进乡村振兴重点工作的意见中已有明确要求，即加强农耕文化传承保护，推进非物质文化遗产和重要农业文化遗产保护利用。

63. 什么是中国重要农业文化遗产

中国重要农业文化遗产是指农业文化遗产中那些传统农业综合生产系统，这个系统涉及传统农业技术、工具、物种、工程、民俗等。这些农业文化遗产，往往是根植于传统农业生产经营系统之中，一旦系统受到破坏，农业文化遗产也就无法再继续传承。

64. 我国重要农业文化遗产系统的认定工作由哪个部门负责

我国重要农业文化遗产系统的认定工作，主要是由农业农村部负责。在实际管理工作中，各地的农业文化遗产，都需要纳入到整个农业文化遗产系统之中，并通过识别和筛选，针对其中的重要农业文化遗产实施保护措施。

65. 融水田鲤纳入中国重要农业文化遗产的名称是什么

广西桂西北山地稻鱼复合系统（图 5-9）。

图 5-9　融水田鲤产地生态环境

66. 融水田鲤是什么时候纳入中国重要农业文化遗产保护系统的

2021 年 11 月 12 日，农业农村部公布第六批中国重要农业文化遗产名单，广西桂西北山地稻鱼复合系统（柳州市三江侗族自治县、融水苗族自治县，桂林市全州县，百色市靖西市、那坡县）榜上有名，融水苗族自治县以融水田鲤纳入其中（图 5-10）。

图 5-10　养殖融水田鲤的梯田系统

67. 融水田鲤纳入中国重要农业文化遗产的重大意义

一是对地方经济发展与乡村振兴具有重要意义；二是对农业种质资源保护具有重要意义；三是传统稻作农业对农业生态环境保护具有重要意义；四是该遗产系统是我国西南山地农业的代表。

68. 融水田鲤纳入中国重要农业文化遗产保护系统后，如何开展工作

融水田鲤纳入中国重要农业文化遗产保护系统后，融水苗族自治县农业农村部门按照创造性和创新性发展的要求，坚持保护优先，加强工作指导和宣传展示，认真落实遗产保护与发展规划，及时总结遗产保护传承实践中的经验做法。县农业农村部门切实履行职责，加强部门协同配合，吸引更多社会力量参与遗产保护传承事业，提升当地居民保护传承意识，强化遗产保护与发展规划落地实施，在严格保护的基础上积极探索合理利用的有效途径，以文育人建设文明乡风，产业创新支持农民就业增收，推动当地物质文明和精神文明共同繁荣进步。

一要为保护工作提供制度化保障；二要加强融水田鲤稻渔综合种养示范基地建设（图 5-11），使整个农业生产步入可持续发展的良性循环轨道，实现生态效益、经济效益与

社会效益的和谐统一；三要加强传统稻鱼种质资源的普查与保护工作，加强科学研究与科普宣传；五要加强区域品牌建设，探索融水田鲤稻鱼产业健康发展。

图 5-11　融水县生态特色科技农业示范基地

第六章　融水田鲤饮食文化与旅游拓展

第一节　融水田鲤饮食文化传承之源

据史料，殷商时期到西周初期，中国就有吃鱼的正式记载。据《诗经》和出土的青铜器铭文记载，公元前823年奉周宣王命出征的大将尹吉甫和张仲在彭衙境内（今陕西省白水县东北部）击败了当时的少数民族猃狁，班师凯旋后，在庆功宴会上吃的鱼脍，就是生鲤鱼片。这是鲤鱼饮食文化可查到的最早的记载。

融水田鲤的饮食文化源自融水苗族人民的烤田鲤活动（图6-1），这在当地是传承已久的一项农耕习俗，彰显苗族人民对古老而独特的饮食文化的保护与传承。

图6-1　融水苗族传统烤鱼模式

每年秋收时节，融水苗家人都会邀请亲朋好友聚集在田边或山坡上进行别有风味的烤田鲤野炊，庆贺丰收和秋收结束。如今的田头烤鱼，已发展成为苗家人与亲朋好友相聚或待客的传统特色活动。在苗家做客，如主人家用烤田鲤的方式来接待，无疑就是把客人当作贵宾来款待，主人家不仅仅是给客人提供美味食物，更是把苗家祖先创下的淳朴饮食文化技艺自豪地向贵客展示，这应该是融水苗族人民对自己饮食文化自信的标志性体现（图6-2）。

图 6-2　苗族烤田鲤串烧模式是一项古老的饮食技艺

　　水稻收割的季节，融水苗家人通常把存鱼最多的深水田留到最后收割。每当这个时候，人们蒸好香喷喷的糯米饭，带上醇香的自酿米酒，邀请亲朋好友和远方来的客人一同到那块田里收割。姑娘们下田收割，小伙们进田抓鱼，连连的笑语欢声，热烈的捉鱼场面，气氛异常热闹。收割结束后，便在田边附近的山坡上燃起几堆篝火，开始烤鱼。

　　如何将田鲤固定在炭火上烤？这是一项技术活，男人们会从山上砍来一些稍粗的竹竿，用刀把竹竿前半部分剖开，然后把田鲤夹进去，用绳子绑紧，最后放在火上烘烤。

　　当田鲤烤得香气四溢并呈现出金黄色时，算是烤熟了。然后将几条小田鲤捣碎，配以烧熟的干辣椒、蚂蚁菜、野苋菜、盐等佐料，做成风味独特的苗家鱼酱，这时烤田鲤的野餐就可以开始了，大家聚在一起，一手抓糯米饭，一手拿烤鱼蘸上鱼酱，开始尽情享受田鲤细嫩的肉质和清香可口的美味了。人们开怀畅饮，一直喝到太阳西斜才回去，留下一路欢声笑语……这就是传承已久的苗族饮食文化的宝贵资源。

第二节　融水田鲤农产品地理标志品质鉴评菜品展示

　　在开展融水田鲤农产品地理标志品质鉴评活动时，融水苗族自治县水产技术推广站，聘请当地苗族厨师以融水田鲤为主料专门制作融水田鲤美食进行展示，得到品鉴专家和与会者的高度赞扬。其中有 10 道菜品备受欢迎。

　　（1）香烧田鲤（图 6-3）。

图 6-3　香烧田鲤

（2）古法浸田鲤（图6-4）。

图6-4　古法浸田鲤

（3）煎煮田鲤（图6-5）。

图6-5　煎煮田鲤

（4）苗家串烧田鱼（图6-6）。

图6-6　苗家串烧田鱼

（5）云腿扒田鲤（图6-7）。

图6-7　云腿扒田鲤

（6）翡翠滑鱼丸（图6-8）。

图6-8　翡翠滑鱼丸

（7）锦绣鲤鱼球（图6-9）。

图6-9　锦绣鲤鱼球

（8）松子田鲤（图6-10）。

图6-10　松子田鲤

（9）金汤浸鱼片（图6-11）。

图6-11　金汤浸鱼片

（10）田鲤刺身（图6-12）。

图6-12　田鲤刺身

第三节　融水田鲤家常菜品制作方法

一、苗家酸汤田鲤

（1）原料：融水田鲤1 kg，剖开除去内脏，切成小块，将花椒粉、茴香粉、酱油、酒、盐、葱各适量放入鱼块中拌匀待用。

用烧熟的干辣椒、蚂蚁菜、野旱菜、盐等佐料，做成风味独特的苗家鱼酱待用。蒜、鱼香菜、山椒、胡椒、姜等适量备用。

（2）制作方法：先用油把鱼酱、蒜、山椒、姜炒熟，然后加水煮沸，再把鱼块放入锅中煮，待鱼肉熟后即可食用。

二、秘制红烧融水田鲤

（1）原料：融水田鲤1 kg，去鳃、去内脏。葱半棵，姜1块，香菜1棵，蒜2瓣，红辣椒1个，醋2勺，淀粉1茶匙，盐1茶匙，白糖1茶匙，花生油1勺半，生抽、料酒各1勺，白酒适量。

（2）制作方法：将鱼清理干净，用刀在鱼背划几刀，撒盐腌制半个小时。葱一部分切细丝作装饰，一部分切粗丝备用。蒜、姜、红辣椒切片。热锅加油，放入腌制好的鱼，煎至两面金黄备用。在炒锅中放入半勺油，烧热后放入粗葱丝、姜蒜片爆香，再放入1勺醋和白酒，放入煎好的鱼，烧开后，盖上锅盖小火煮10分钟。淀粉加水调成芡汁，倒入锅内，转中火烧开后，轻轻地翻转鱼身，其间不停地朝鱼身浇汤汁，待汤汁收至剩三分之一时关火，鱼装盘，撒上细葱丝、香菜和红辣椒，浇上部分汤汁即成。

三、糖醋融水田鲤

（1）原料：融水田鲤1kg，去鳃、去内脏，洗净备用。葱姜蒜切末备用；生抽、老抽各1勺，白糖1.5勺，白醋2勺，盐、料酒、食用油适量。

（2）制作方法：锅中加入适量油，油热后放入葱姜蒜末煸炒出香味。放入田鲤煎至两面金黄，加入生抽、老抽、料酒、白糖、白醋、盐和适量的水，煮至汤汁浓稠即可装碟食用。

四、清蒸融水田鲤

（1）原料：融水田鲤1kg，去鳃、去内脏，在鱼身上切几刀，撒上适量的盐和料酒拌匀腌制10分钟。葱姜蒜、料酒、盐、食用油适量，葱姜蒜切末备用。

（2）制作方法：锅中加入适量油，放入葱姜蒜末煸炒出香味，关火。将炒好的葱姜蒜末放在鱼身上，放入蒸锅中，蒸15分钟左右，出锅后撒上葱花，淋上热油即成。

五、烤鲤鱼

（1）原料：鲤鱼1kg，去鳃、去内脏，在鱼身上切几刀，撒上适量的盐和料酒拌匀腌制10分钟。葱姜蒜、生抽、老抽、料酒、白糖、盐、食用油各适量，葱姜蒜切末备用。

（2）制作方法：锅中加入适量油，放入葱姜蒜末煸炒出香味，加入生抽、老抽、料酒、白糖和适量的水，煮开后放入鲤鱼，煮至汤汁浓稠即可。将烤盘预热，放入田鲤，刷上油，放入预热的烤箱中，烤25分钟左右，中途翻面一次。

六、酸菜融水田鲤

（1）原料：融水田鲤1kg，去鳃、去内脏，洗净备用。酸菜半棵，葱姜蒜、生抽、老抽、料酒、白糖、盐、食用油各适量；葱姜蒜切末备用。

（2）制作方法：锅中加入适量油，放入葱姜蒜末煸炒出香味。放入酸菜翻炒均匀，加入生抽、老抽、料酒、白糖、盐和适量的水，煮开后放入鲤鱼，煮至汤汁浓稠即可。

七、辣烧融水田鲤

（1）原料：融水田鲤 1 kg，去鳃、去内脏，在鱼身上斜切几刀，用盐、胡椒粉腌制 10 分钟。盐 1 茶匙，葱姜蒜适量，水淀粉适量，剁椒 1 勺，胡椒粉 1 茶匙，植物油 1 汤匙，水适量；大蒜、生姜切片，大葱斜刀切段备用。

（2）制作方法：将田鲤入锅煎至两面金黄后盛出。锅中留底油，烧热后用葱姜蒜爆香后放入剁椒继续炒香。放入煎好的田鲤，加入剁椒、酱油、糖、盐、胡椒粉等调料调味，加开水大火催开转小火，盖上锅盖烧，烧至汤汁收掉大半后，先把鱼盛出。锅中剩余的汤汁用水淀粉勾薄芡，浇在盛出的鱼上。

八、清炖融水田鲤

（1）原料：融水田鲤 1 kg，姜丝 10 g，独头蒜 12 个，葱花 5 g，藿香碎 10 g，青红椒丝 10 g，豆豉 8 g，紫苏、大蒜、盐、味精适量。

（2）制作方法：将鱼购回后清水静养 1～2 天，待其吐尽腹中泥沙后，去鳃、去内脏备用，并将其他原料洗净，做相应的刀工处理。将融水田鲤直接放入冷水锅中，加盖用大火烧开，加盐、姜丝、独头蒜、豆豉、转中火炖制 20～30 分钟，待其汤色乳白，鱼体熟透，加青红椒丝、味精、藿香碎、葱花，再烧煮一下即可出锅。注意先不放油，放油味道就不鲜了；水一开立即关火，稍久炖鱼就会烂，出锅前放一小勺花生油。出锅后，上桌前在煮好的鱼上撒一些紫苏、大蒜做香料。

九、香煎融水田鲤

（1）原料：融水田鲤 1 kg、料酒 20 g、生姜 40 g、面粉 10 g、盐 10 g、五香粉 5 g、葱花 20 g、椒盐 10 g。

（2）制作方法：田鲤去除鱼鳃、内脏，清洗干净。切姜，加料酒、淀粉、盐、五香粉，与鱼一同搅拌均匀，腌制 10～15 分钟。其间拿筷子翻动几下。起锅先大火把油加热，然后改小火；转动锅使锅面大部分沾上油。用手把腌制好的鱼和姜抓起，将鱼沿着锅边缘滑入中心，铺满锅面后加大一点火力。不要着急用锅铲翻动，可以移动锅的受热面，让油流动到每一个地方。大约 5 分钟后，可以用锅铲将整片翻过来，部分在边缘没炸好的，可以移动到中间继续煎。重复上述的部分，直到两面煎成深黄色即可出锅。

十、黄焖融水田鲤

（1）原料：融水田鲤 1 kg，酸笋 150 g，青椒 50 g，葱花、茴香、盐、味精、蚝油、酱油、醋、香油、姜末、蒜蓉、油适量。

（2）制作方法：将田鲤洗干净，去鳃、去内脏，装入碗中，放少量盐、醋、味精、酱油，拌匀腌制 8 ～ 12 分钟，下油稍煎至金黄捞出装入碟中。在锅中加入底油，下姜末、蒜蓉炒出香味后倒入煎好的鱼，放少量酱油、蚝油、盐翻炒，放水焖 5 分钟（小火）。加放酸笋继续焖，放醋少量，焖至合适时，放青椒条，加入少许味精、葱段、茴香，淋入香油（一定要留少量汤汁）翻炒几下，淋入尾油即上碟即成。

十一、石锅融水田鲤

（1）原料：融水田鲤 1 kg，酸笋 150 g，辣椒 50 g，葱花、茴香、盐、味精、蚝油、酱油、醋、香油、姜末、蒜蓉、油适量。

（2）制作方法：将田鲤洗干净，去鳃、去内脏，装入碗中，放少量盐、醋、味精、酱油，拌匀腌制 8 ～ 12 分钟。先用铁锅下油将鱼稍煎至金黄捞出装入碟中。石锅放底油，下姜末、蒜蓉炒出香味，倒入煎好的鱼，放少量酱油、蚝油、盐。翻炒、放水焖 5 分钟（小火）。加放酸笋继续焖，放醋少量，焖至合适时，放辣椒条，加入少许味精、葱段、茴香，淋入香油（一定要留少量汤汁）翻炒几下，淋入尾油即可。

十二、家常融水田鲤

（1）原料：融水田鲤 1 kg，葱花适量，生姜 2 厚片，蒜米 2 颗，青椒 1 个，番茄半个，盐、白糖、酱油适量。

（2）制作方法：田鲤去鳃、去内脏，清洗干净备用。半个番茄切成月牙片，青椒滚刀切好，蒜米生姜拍一拍，葱切段。起锅热油，调中火偏小，将田鲤煎至两面金黄，然后放入姜片、蒜米、青椒、番茄，加入一小勺盐，半勺白糖，加入一汤匙酱油，加水至没过鱼的 3/4，然后盖锅，调大火煮。汤汁收掉一半的时候，轻轻将鱼翻面，然后撒上葱花，将汤汁收掉一些即可出锅。

十三、融水田鲤萝卜丝汤

（1）原料：融水田鲤 1 kg，洗干净，去鳃、去内脏，然后鱼身打上刀花，在鱼表面撒上食盐涂抹均匀，再涂上料酒腌制备用。萝卜半个，切丝备用；姜 1 块，食盐、鸡精、料酒各 1 茶匙。

（2）制作方法：起锅加油烧热，丢点姜片煎一下，再把田鲤放锅里煎至两面金黄。加入适量的开水，大火煮开，煮开后撒入切好的萝卜丝，加入 1 茶匙的鸡精，炖煮 15 分钟，出锅前加盐调味即可。

十四、融水田鲤鱼头豆腐汤

（1）原料：融水田鲤鱼头 1 kg，去鳃，洗净备用；豆腐、葱姜蒜、料酒、盐、食用油各适量，豆腐切成小块备用。

（2）制作方法：锅中加入适量油，放入葱姜蒜末煸炒出香味，放入田鲤鱼头煎至两面金黄，加入适量的水和料酒，煮开后放入豆腐块，大火煮 10 分钟左右，再加入适量的盐即可。

十五、融水田鲤汤

（1）原料：融水田鲤 1 kg，去鳃、去内脏，洗净备用。水豆腐 1 块，香菜适量，生姜 4 片，小米椒 1 颗（切丝），胡椒粉适量。

（2）制作方法：起锅下油，将田鲤煎至两面金黄，放入姜片。加水，大火煮开后加入水豆腐和小米椒，小火慢炖至汤色浓白，加入少许盐，放入香菜；如果喜欢，加入适量胡椒粉味道更好。

第四节　融水田鲤特色产业与旅游文化融合发展

一、融水田鲤特色产业与旅游文化融合发展的根基

融水田鲤特色产业发展与融水旅游产业发展长期以来都处于相辅相成的交集融合状态，这与融水田鲤本身蕴含的民族智慧、农耕文化、故事传说和人文历史等高度相关。欣赏传统农耕技艺，体验乡村的风土人情，赏析少数民族传统习俗等特色旅游项目越来越受到人们的热烈追捧。融水田鲤作为融水苗族自治县传承千年的地标产品，其蕴含的苗族文化习俗丰富多彩，适合打造旅游项目的内容众多。其中的"金秋烧鱼节"就是典型代表。

融水苗族自治县有烤鱼迎丰收的风俗，每年举办历时 4 个月的"金秋烧鱼节"，远近客人慕名而来（图 6-13）。加上湖南、贵州、云南等有"稻渔共作"耕作方式的省份近年来相继大量引进融水田鲤，给融水田鲤带来巨大的市场机遇，也助推了融水田鲤地方特色品种的品牌影响力，融水田鲤产业发展潜力巨大。随着田鲤市场需求的扩大，融水县党委、人民政府决定对今后融水田鲤品牌建设方向进行布局：一是借助融水苗族自治县荣获全国旅游名县机遇，打造金秋烧鱼季系列活动，扩大融水田鲤影响力；二是延伸融水田鲤产业链，打造深加工旅游系列产品，增加附加值，集"中国生态原产地保护农产品""国家地理标志农产品""有机转换农产品""融水优质农产品"一体化进行综合品牌打造。

图 6-13　融水"金秋烧鱼节"

　　融水的闹鱼节日文化由来已久，传说很久以前，有两对叫亨想、配喝和亨松、配哈的青年男女，坐到深更半夜，情谈腻了、爱说倦了，便思考起来：家住深山、人在老林，眼见的是山清水秀，耳闻的是鸟啼兽吼，虽然粮食充裕，日子却过得干巴巴、闷沉沉的，心里寂寞，提不起劲。他们想，能不能把这样的生活变一变呢？这时候有人出主意，集个会，让乡亲们都快活起来，都提起精神来。这办法不错，但集个什么会好呢？又犯难了。后来有个老者提议了一项活动，这便是闹鱼。由谁起头呢？大家的意见是由洞寨姑娘起头，男青年负责采闹鱼药。

　　闹鱼场设在高加河。每逢闹鱼，沙洲之上、溪河两岸，都被附近赶来闹鱼的男男女女填得密密麻麻的（图 6-14）。相传古代有两支闹鱼队，一队是洞寨闹鱼队，另一队是牛塘闹鱼队，各队均由一位长者唱着彩话（吉利话）引领进场。到达目的地后，两支闹鱼队一同把各自带来的辣叶（闹鱼用的一种草药）堆放在一起，用棍棒捣碎，边舂边呼"衣

图 6-14　融水闹鱼节现场

呀鸣"，气氛热烈，情绪高涨。如今闹鱼队，由三个屯组合成一支闹鱼队，全村六个屯，分别组成两支闹鱼队，阵容更大了。

药舂碎了，把它铺在一个用树叶搭起的药床上，先由洞寨哒配（苗语，女青年）捶第一捶，再由后生们拿棍一边捶一边淋水，一边喊"衣呀鸣"，让药汁慢慢流入河中，河中的鱼慢慢被麻醉。药汁流得差不多了，闹鱼主持人卷起一个 2 kg 重的药包，再用茅草扭结成绳，系在腰上，接着找来一个哒哼（苗语，男青年），也用茅草绑腰，主持人让他抱着药包，趟入河心，把药撒入河中。同时派个生龙活虎的哒哼守在滩下，上边下药的哒哼一撒完，就从滩上翻滚而下，滩下那哒哼见状，立即跃入河里和滚滩的下药哒哼搅在一起，搂抱成一团。如此顺流翻滚十来米才上岸。这时两岸观众"鸣呀鸣呀"（苗语，"好啊，好啊"）地喝彩（图 6-15），此时观众可以沿河岸下河去打捞药昏的鱼。整条河边人山人海，好不热闹。

图 6-15 融水闹鱼节抓鱼情形

闹鱼结束，村民们纷纷邀请客人到家中做客，畅叙民族友情。男女青年互邀"坐妹"对歌，寻找意中人，整个村寨沉浸在一片节日的欢乐中。

二、举办节庆活动推动农业特色产业与旅游文化产业融合发展

融水的"金秋烧鱼节"之所以能传承这么久远，是因为带有文化故事，这个故事的流传，也被当地群众不断地赋予新的内涵，在每年不断的宣传打造推动下，目前"金秋烧鱼节"已发展成为当地秋季特色旅游的金牌项目。由此，融水田鲤产业实现了新的突破，从仅仅依靠养鱼，转变为养鱼与旅游相融合的新农业发展业态。如 2020 年元宝山金秋烧鱼季系列活动就举办得非常成功。

1. 雨卜苗寨景区活动

活动时间：9月20日至11月30日。

节庆名称：金秋烧鱼节。

活动内容：观苗山秋色，赏民族风情，篝火晚会民俗表演，田间抓鱼，烤禾花鱼，摘野菜，体验品尝苗家石头鱼。

2. 杆洞乡尧告村活动

活动时间：9月25日至10月9日。

节庆名称：尧告文旅金秋活动暨尧告牧场国庆旅游。

活动内容：参观神秘尧告拉鼓，1.2万亩尧告牧场露营和篝火晚会，体验稻田抓鱼烧烤，体验民宿火塘文化，体验百年水碾习俗，DIY竹筒饭竹筒鸡，探寻摩天岭原始森林秘境，体验剪糯谷制作扁米，制作工艺品，DIY蓝靛扎染包等（图6-16）。

图6-16　杆洞乡尧告村活动

3. 安太乡培秀村活动

活动时间：9月29日至10月30日。

节庆名称：金秋烧鱼季——安太乡培秀村行歌"坐妹"活动。

活动内容：体验"金秋烧鱼"活动，主要体验项目有迎宾、抓鱼、烧鱼、文艺会演、篝火晚会、元宝山一日游等（图6-17）。

图 6-17 安太乡培秀村一景

4. 梦鸣苗寨景区活动

活动时间：10 月 2 日至 10 月 8 日。

节庆名称：融水梦鸣苗寨金秋烧鱼季。

活动内容：观看《苗謌》表演（图 6-18），抓鱼、烧鱼。

图 6-18 梦鸣苗寨活动情形

5. 月亮湾山庄活动

活动时间：10月2日至10月8日。

节庆名称：苗乡深处的慢生活。

活动内容：第一天，13:30～14:30稻田抓鱼活动，15:00～15:45泼水活动，16:00～16:30抓鸭子活动，16:30～18:00自由活动，18:00～19:00特色苗家簸箕宴，20:00～21:30星空篝火互动活动（同时可安排烤鱼自费活动）。第二天，8:30～9:00吃早餐，9:00之后自由安排活动（图6-19）。

图6-19　月亮湾山庄

6. 龙女沟景区活动

活动时间：10月2日至10月8日。

节庆名称：醉美苗乡侗寨扁米节。

活动内容：第一天，13:30～14:00扁米烧鱼节活动正式开始，14:00～16:00抓鱼，烧鱼，16:30～17:30扁米脱壳，18:00～19:30长桌宴，20:00～21:00芦笙篝火联欢晚会，21:20～23:00扁米制作。第二天，9:00～12:00游览龙女沟景区（图6-20）。

图 6-20　龙女沟景区的龙女潭

7. 杆洞乡花孖村活动

活动时间：10 月 3 日至 10 月 4 日。

节庆名称：花孖村 2020 年金秋烧鱼节。

活动内容：游客白天体验农家原生态烧烤禾花鲤鱼，傍晚吃百家宴，与苗家"哒配、哒哼"芦笙表演互动，晚上住民宿，第二天返程（图6-21）。

图 6-21　杆洞乡花孖村盛装的苗家人

8. 杆洞乡杆洞村活动

活动时间：10月3日至10月4日。

节庆名称：杆洞村"美人窝"金秋烧鱼节。

活动内容：体验下田抓鱼活动，抓到的原生态禾花鲤全部免费送。游客亲自体验农家原生态烧烤禾花鲤鱼和品尝各种杆洞绿色食材，百家宴（图6-22），芦笙表演互动。

图6-22　杆洞乡杆洞村百家宴

9. 汪洞乡产儒屯活动

活动时间：10月25日。

节庆名称：汪洞乡第七届贝江源重阳山歌会暨第四届金秋烧鱼节。

活动内容：歌会比赛（图6-23），金秋烧鱼。

图 6-23　汪洞乡产儒屯歌会

三、品味融水田鲤成为融水的传统节庆活动新习俗

融水苗族自治县每年的传统节庆除金秋烧鱼节外，还有苗族打同年、苗族斗马、苗族春社节、苗族除夕、黑饭节、苗族植树节等传统节庆习俗。每当这些节日到来，苗族人民都要聚在一起欢歌跳舞，当然免不了要隆重聚餐。聚餐的菜肴当中，融水田鲤始终是一道最重要的"硬菜"，用当地人的话来说，没有"田鱼"清香就没有苗族"呀呜"喊酒声。

1. 打同年

这是一项很有趣的社交活动。全村男女几十或上百人甚至几百人。带上芦笙，穿上节日的盛装，敲锣打鼓到"同年"村进行联欢活动，在村前以三曲笙歌告知主人，主人则全村男女出村迎接。然后在芦笙堂再次吹奏芦笙及踩堂作为进村仪式，主人也以吹芦笙踩堂还礼。礼毕邀客人至各家款待，第二天又杀牛分肉至各家款待客人。一般住三天，白天吹芦笙踩堂，晚上演苗戏、"坐妹"或对歌等，通宵达旦。未婚青年男女则在活动中追寻各自的伴侣。走寨结束，又吹芦笙踩堂作为隆重的告别和欢送仪式（图6-24至图6-28）。

图 6-24　打同年中的芦笙演奏和芦笙踩堂活动

图 6-25　浩浩荡荡的打同年活动队伍

图 6-26　打同年上迎客对歌情景

图 6-27　打同年的必需程序——给老同喝拦门酒

图 6-28　盛装的苗族姑娘同年们在亲切交谈

2. 苗族斗马

斗马是苗族人最喜爱的一项民间娱乐活动，在融水苗乡盛行至今，已有几百年的历史，是全国民族民间独一无二的文娱活动项目，融水也因此被誉为"中国芦笙斗马文化之乡"。2004 年开始，融水每年 11 月 26 日举办"中国芦笙·斗马之乡——融水芦笙·斗马节"。斗马活动源于苗族一种婚姻裁决方式，传说很久以前苗王嫁女时，曾采用斗马的形式来选婿，在当时的苗族社会里逐步被效仿。在苗寨中，如果几个小伙子同时追求一位姑娘，寨老就组织小伙子们进行斗马比赛，获胜者不仅可以赢得姑娘的青睐，而且有优先权迎娶心中的娇娘。苗族人认为这既是十分公开、公平、公正的较量，又不伤彼此的和气。如今斗马已经演变成为苗族的传统体育项目，并在各种重大节庆活动中以表演的形式亮相，供人们欣赏（图6-29）。现在每年苗族的传统节日（如芦笙节、坡会、春社、新禾节、苗年等）都有斗马活动（图6-30）。

图6-29　融水斗马演变成苗族的传统体育项目

图6-30　融水斗马比赛激烈进行中

斗马通常在坡会期间（每年农历正月十六日）举行，在坡会众多的活动内容中，斗马比赛是必不可少的项目之一。比赛开始前，鸣枪放炮数十响不等。伴随枪炮声的是芦笙高奏，此时，舞龙舞狮队走在队伍前列，紧跟龙狮的是威武雄壮的马队，他们雄赳赳、气昂昂地走进斗马场。身着盛装的苗族、瑶族、侗族姑娘手持彩带在芦笙指挥者外围成圆圈，踏着笙曲的节奏翩翩起舞。斗马场上，骏马云集，数匹精选出来的好马匹膘肥体壮，在场边列队等待上场（图6-31至图6-34）。

图6-31 彰显力量的斗马比赛的进场队伍

图6-32 斗马比赛上的踩堂表演

图6-33 斗马节期间的芦笙高奏情形

图6-34 斗马节期间笙歌阵阵、舞姿翩翩

3. 苗族春社节

春社节是苗族一个隆重的传统节日。每年农历二月春分的翌日，生活在融水县东北部红水乡、拱洞乡、白云乡一带的苗族人们，都要欢度春社节（图6-35）。

图 6-35　苗族春社节活动情景

春社节，苗语称为"兴暇"，"兴"是清闲、游玩、约会的意思，"暇"是社稷、祭祀的意思，合起来就是苗族同胞利用春社祭祀社稷、纪念先人之机，欢聚一堂，分享快乐，传播友谊，播种爱情。因此，春社节是苗族青年的"情人节"。

4. 苗族除夕

苗族自古有吃除夕的习俗，苗语称为"能伯九"。这里的"能"，是吃的意思；"伯九"专指大年三十的意思，合起来就是苗族吃大年三十的习俗。苗族的"能伯九"，原来只限于苗年节，1949 年 10 月以后，由于苗族与全国各地一样，都统一过春节，于是"能伯九"就从苗年的特有节目转变成为苗族春节特有的习俗（图 6-36）。在融水苗族自治县安太乡培地村一带，苗族除夕分为个人、家庭、村寨三大不同层次的活动内容。

图 6-36　苗年节日活动场景

5. 黑饭节

每年农历四月初六或初七，大部分融水苗家人便上山折背一捆或砍挑一担苗名为"努都弱沙"（黑饭叶）的灌木枝叶回家，脱叶去枝，将叶子舂碎，加水，搓软，挤出浓黑的叶汁，然后沥取叶汁水浸泡苗山优质糯米过夜；四月初八大早，蒸黑糯饭，用这种灌木叶汁水蒸的糯米饭比用枫叶水蒸的糯米饭颜色要黑亮得多，气味浓香得多。这天人们蒸黑糯饭，杀鸡宰鸭过黑饭节，开膳时抓一团黑糯米饭供有恩于人、辛勤肯干的牛先食用。略带"努都弱沙"涩味的染色饭食，不但别有一番风味，还有祛湿消滞清热的效果，对人和牛的健康都有好处（图 6-37）。

图 6-37　融水苗族人欢度黑饭节

6. 苗族"呀呜"喊酒

元宝山下，逢年过节，客人来到寨里，会被热情好客的苗族同胞拉去喝酒。当客人入席坐定，苗胞们个个站立起来，手捧酒碗，齐声高喊："呀～呜，呀～呜"，人和人之间感情顿时炽热如火，情同手足。这就是苗家有趣风俗——喊酒（图 6-38）。

图 6-38　苗胞们在"呀呜"喊酒

第七章 融水田鲤农产品地理标志保护意义与发展对策

第一节 融水田鲤农产品地理标志保护意义

农产品地理标志是我国传统农业长期以来形成的历史文化遗产和地域生态优势品牌，既是农产品产地标志，也是特色农产品品牌标志，发展农产品地理标志是推进优势特色农业发展的重要途径和有效措施（图7-1）。

 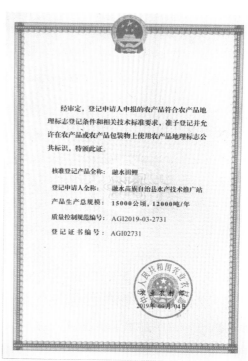

图 7-1 融水田鲤农产品地理标志证书

融水田鲤农产品地理标志，是融水苗族自治县传统养殖业长期以来形成的历史文化遗产和地域生态优势品牌（图7-2），既是知名的养殖产品产地标志，也是重要的养殖产品质量标志，是养殖产品质量安全工作的重要抓手和载体，是推进优势特色养殖业产业发展的重要途径和措施。对融水田鲤农产品地理标志实施登记和保护，是顺应形势发展要求，广泛推介宣传融水优质农产品，提升产品品牌效应，全面提升水产品质量、促进融水田鲤产业发展壮大的一项重要举措，更是开辟融水田鲤广阔市场前景的一次实际行动，不仅对提升融水苗族自治县特色养殖产品品质、创立养殖产品区位品牌和扩大产品贸易十分重要，而且对促进融水养殖业区域经济发展、带动农业增效和农民增收作用巨大。因此，融水田鲤获得农产品地理标志登记保护对促进融水田鲤产业的快速发展和进一步规范融水田鲤特色产品市场的竞争秩序等具有重大意义。

图 7-2　融水田鲤品牌具有独特的地域生态优势

第二节　融水田鲤农产品地理标志发展对策

一、总体要求

1. 指导思想

以习近平新时代中国特色社会主义思想为指导，深入学习贯彻党的二十大精神，贯彻落实习近平总书记关于"三农"工作重要论述和对广西工作的系列重要指示精神，认真贯彻落实创新、协调、绿色、开放、共享的新发展理念，立足区位优势和资源禀赋，以提质增效、增收、绿色发展、共同富裕为目标，因地制宜发展渔业；通过创新驱动，加大科技支撑、法治建设、工程项目建设力度，构建具有融水特色的现代渔业高质量发展新格局。把推动渔业高质量发展作为构建多元化食物供给体系的重要内容，多途径开发渔业空间和潜力，坚持宜渔则渔，坚持数量和质量并重、生产和生态协调、发展和安全统筹，全面提升融水渔业质量和竞争力，为全面推进乡村振兴贡献渔业力量（图 7-3）。

图 7-3　融水田鲤是融水苗族自治县特色农产品

2. 发展目标

深入推进融水现代渔业建设，渔业经济稳步发展，渔业资源和生态环境进一步改善，渔业经济结构和产业布局得到优化，水产品安全保障和有效供给能力进一步提高，渔业科技创新能力显著增强，产品竞争力不断提升，形成生态良好、生产发展、装备精良、产品优质、增收、平安和谐的现代渔业发展格局。稻渔综合种养 10.5 万亩以上，水产品总供给 9200 t 以上，渔业经济总产值达 2.5 亿元以上。渔业安全设施和装备明显改善，渔业防灾减灾能力明显提升，安全生产形势稳定向好。

二、结构调整和产业升级

以调结构转方式为主线，巩固提高第一产业，升级增值第二产业，大力发展第三产业，推进"一二三"产业融合发展；强化政策引导、科技支撑、法治保障，促进创新强渔、协调惠渔、绿色兴渔、开放助渔、共享富渔，提升渔业竞争力和提高综合效益，推动渔业产业升级。

1. 提高渔业有效供给能力

结合乡村振兴发展规划，重点发展，一个品种一个发展路径；培育一批苗种繁育基地和龙头企业；推广一系列实用健康养殖技术；制定一套扶持措施；建立每个乡镇有一个稻渔示范区或特色水产养殖基地，形成具有一定规模和市场竞争力的优势特色渔业产业，全面提升融水渔业经济发展质量和效益。

2. 推动稻渔生态健康养殖

每年至少建设一个渔业生态健康养殖项目。补足渔业供给侧结构性改革，进一步保护渔业资源环境保护和修复，促进渔业"一二三"产业融合发展。同时减少捕捞，保护融水水生生物资源。进一步提高融水渔业设施装备和渔业安全保障水平，在修复健康生态养殖生态环境方面起到积极的作用。

3. 提高淡水渔业质量和效益

以融水田鲤（金边鲤）、中华田园螺、泥鳅、冷水（亚冷水）鱼、鲟鱼等优势品种为重点，加快品种结构调整，提高池塘养殖、工厂化循环水养殖和陆基圆池养殖标准化、集约化水平（图 7-4），在提质增效上下功夫；大力发展稻渔综合种养和水库、河流养殖，提高资源利用率；在以活鱼销售为主的同时，开展鲫鱼、鳙鱼、草鱼等淡水大宗产品深加工，研发风味食品和即食食品。

图 7-4　融水田鲤标准化养殖基地

4. 做强水产品加工流通业

推动水产品加工业转型升级。提高水产品初加工水平，提高资源利用率和产品附加值。支持鼓励开展淡水大宗品种的精深加工。科学规划，合理布局，加快水产品市场体系、水产品市场信息平台建设。科学规划水产品冷链物流产业发展，加强冷链物流配套实施，发展连锁经营、直供直销、电子商务等现代流通方式。

5. 加强渔业特色品牌建设

鼓励水产品加工企业做大做强自主品牌，提高品牌知名度。支持、鼓励行业协会和企业注册集体商标、证明商标，绿色食品认证、建立健全品牌维护机制，培育一批具有地方特色的水产品牌，充分发挥金边鲤品牌的作用和影响力（图7-5）。

图 7-5　展销会上融水田鲤产品的展区

6. 大力发展休闲渔业和农旅产业

规划休闲渔业区——融水镇小荣村、和睦镇古顶村，即融水镇小荣村金边鲤繁育基地、古顶村网箱养殖基地休闲渔业园区、休闲垂钓、渔事体验、渔业科普等休闲渔业品牌。农旅体验区——双龙沟景区和环元宝山打造渔俗节庆、特色餐饮、渔俗文化等农耕体验（图7-6、图7-7）。

图7-6　元宝山金秋烧鱼季开幕式活动　　图7-7　媒体关于融水苗族金秋烧鱼季活动报道

7. 渔业信息化工程建设

推进物联网、云计算、大数据、移动互联网等现代信息技术与渔业产业的深度融合，大力推广电子商务，提高渔业管理、经营和服务信息化水平。建立生产要素投入、加工流通、市场交易、行政管理等大数据管理系统，建设渔业公共服务信息综合平台。

三、保障措施

1. 加强组织领导

地方政府要充分认识渔业产业政策对促进渔业经济发展的重要意义，将促进渔业转型升级的乡村发展纳入当地经济和社会发展规划，逐级落实责任，强化绩效考核，形成促进渔业持续健康发展的合力。水产部门主动作为，加强指导，强化服务，积极争取发展改革、财政等部门的支持。

2. 加强资金保障

认真贯彻落实国家和省、市、县制定的各项政策措施，重点支持冷链物流、现代水产种业、现代渔业园区和示范基地等建设。加大渔业基础设施建设力度，支持更新稻鱼种养、池塘养殖、工厂化循环水养殖标准化改造。

3. 完善支持政策

引导金融机构加强对渔业的信贷支持，支持渔业企业上市融资和发行债券，形成多

元化、多渠道渔业投融资格局。引导社会资本向重点产区、主导品种、重点项目集中投入，更好地发挥市场在资源配置中的决定性作用。调整完善渔业资源增殖保护政策。

4. 推进简政放权

加强融水县渔业产业发展的软环境建设。积极推进简政放权工作，做好放管结合，精简审批事项，优化审批流程，提高审批效率。推进统一行政审批系统管理平台建设，使行政审批工作更加规范化、信息化、法制化，提高工作效率。

5. 加快人才培养

建立和完善人才引进、培养与激励机制，加强渔业从业人员培训教育，提高人才素质。加快渔业科技人才体系建设，加强重点领域紧缺人才引进与培养，培养学科带头人和创新型人才，建立渔业发展人才库。加强基层渔业实用人才队伍建设，培育一批水平高、善经营、懂管理的本土人才（图 7-8）。

图 7-8　开展本土人才培训

6. 促进渔业创新

支持鼓励渔企与高等院校、科研院所建立产业联盟，开展健康养殖新模式、保种选育、杂交育种、性别控制、生物防病、流行病快速检测、水产品加工工艺、加工新技术等技术研究。搭建渔业产业创新服务平台，加快科技成果的产业转化。充分发挥养殖协会、合作社等中介组织的桥梁和纽带作用，强化行业自律，切实提高渔业生产经营组织化程度。创新营销模式，推进电子商务、冷链配货直销和渔业品牌开发与应用。

7. 加强质量监管

推进县级水生动物防疫和水产品质量检验检测能力建设。加快建立水产品质量安全追溯平台。加强对苗种生产、养殖过程的检查，引领和带动标准化养殖生产。积极推进新"三品一标"（品种培优、品质提升、品牌打造、标准化生产）工作，提高水产品质量，鼓励和支持开展品牌登记。

四、保护和发展

进入新时代，关于地理标志农产品保护，农业农村部提出要支持区域特色品种繁育基地和核心生产基地建设，改善生产及配套仓储保鲜设施设备条件。健全生产技术标准推广体系，强化产品质量控制和特色品质保持技术集成，推动全产业链标准化生产。挖掘和展示传统农耕文化，讲好地标历史故事，强化产品宣传推介，叫响区域特色品牌。支持利用信息化技术，实施产品可追溯管理，推动地理标志农产品身份化、标识化和数字化，进一步推进地理标志农产品保护与发展。

地理标志农产品如何保护？如何发展做强做大？在开展地理标志农产品保护与发展的各项工作中要严格做到以习近平新时代中国特色社会主义思想为指导，贯彻落实好习近平总书记对广西工作的重要指示精神，严格按照农业农村部提出的新"三品一标"的要求，实现地理标志农产品绿色高质量发展。

一是关于融水田鲤的品种培优。要按照融水田鲤农产品地理标志质量控制技术规范载明的融水田鲤的典型特征特性作为标准来挑选繁殖用的亲本（图7-9）。要按照水产苗种提纯复壮的遗传育种技术规程来繁殖、培育苗种；要建立健全融水田鲤良种繁育体系（建设本土化的融水田鲤原种场、良种场和繁殖场等）。将融水田鲤独特的品种特征保护好、固定好，代代相传。

图 7-9　加强融水田鲤保种选育

二是关于融水田鲤品质提升（品质保持）。要严格按融水田鲤农产品地理标志质量控制技术规范载明的生产环境条件来建设养殖场地开展生产养殖；要严格控制生产投入品的使用，苗种必须为本地生产，药物使用必须符合国家相关的标准，不投喂配合饲料或少投喂配合饲料，确保田鲤是靠吃禾花和田中的小虫及其他有机物生长的；要加强农产品地理标志的授权使用管理，严防外来鲤鱼冒充融水田鲤。将融水田鲤的特色优势变成知名品牌的特色经济，为乡村振兴提供支撑。

三是关于融水田鲤品牌打造。要举全县之力培育融水田鲤农产品地理标志公共品牌，通过核心企业带动，精心设计产品包装，加贴农产品地理标志上市；要利用各种媒体大力宣传融水田鲤农产品地理标志，包括融水田鲤品质特征、农耕技术、饮食文化、故事传说等；要积极参加各种展示展销推介活动；要大力研发融水田鲤休闲食品以及与之相关的旅游工艺品；要建设融水田鲤农产品地理标志展示馆，用生动的载体系统性地讲好融水田鲤的故事。将融水田鲤打造成响当当的区域公共品牌，使"到融水必吃田鲤"成为游人的首选，增强品牌的影响力和感召力（图7-10）。

图 7-10　广泛开展融水特色农产品的宣传推介

四是关于融水田鲤标准化生产。要严格按照融水田鲤农产品地理标志质量控制技术规范组织生产；要严格执行无公害食品生产相关的标准管理生产（图7-11）；要组织企业按照绿色食品相关标准生产高品质的禾花鱼产品，积极申报绿色食品认证。将融水田

图 7-11　融水田鲤标准化养殖基地景观

鲤的独特品质通过标准化固定和向世人展示，赢得好口碑，从而提高融水田鲤品牌的公信力。

五是注重环境保护。好环境产出好品质。融水田鲤产于融水苗族自治县的稻田里（图7-12）。必须保护好全县的稻田环境。要搞好稻田工程，严防垃圾污染稻田环境，确保稻田环境整洁；要整治好稻田的良好风貌，开展稻田艺术创作，提升乡村风貌；要积极推广使用有机肥和低毒农药，减少化肥、农药和渔药的使用；要提倡稻草等农业残余物的资源化利用，鼓励秸秆经发酵处理后还田，保持稻田耕作层土壤的肥力。使"好环境产出好品质"不仅仅是句口号，而是体现在优质的耕地资源环境上，这是地理标志农产品品质的根本保证。

图7-12　融水田鲤生产基地环境优美

在具体的谋划上要把握好以下几点。

一是要创新发展思路。就是要结合融水苗族自治县稻田养殖田鲤的实际为确保农民养鱼持续增收，为巩固脱贫攻坚成果，推动乡村全面振兴打下坚实基础这个新时代发展的总体思路。这个总体思路就是要加大融水田鲤提纯复壮工作力度，做强做大融水田鲤苗种繁育体系；加大高标准农田建设，大规模推动稻田养殖田鲤绿色高质量发展，培育壮大龙头企业，按品牌化、标准化进一步推动融水田鲤精深加工产业发展，拓展产品远销国内外；引导农民充分利用现有水田积极参与并融入当地龙头企业开展的融水田鲤规模化标准化的产业发展当中（图7-13）。

图7-13 融水田鲤高标准稻田工程建设

二是大力开展本土人才的培养。要开创融水田鲤稻田养殖的新局面，一靠政策二靠科学。科学的关键是人才培养，特别是本土人才的培养。要通过专题讲座、现场讲解、示范服务、带动参与等方式，向当地农技人员、青年农民、致富能手传授技术知识，帮带一批懂技术、会经营、善管理的产业发展带头人和高素质农民；要挑选一批有培养潜力的基层农技人员，通过"一对一""一对多"结对帮带，着力培养一批留得住、用得上、干得好的本地技术骨干人才。目前融水苗族自治县水产技术人才的数量与实现渔业现代化的要求很不相称。因此，必须要采取多种方式通过各种渠道加快本土人才的培训与提高。另外，还要对广大农村以重点户、专业户及爱好水产技术的青年为主要对象开展科学养鱼及鱼病防治的高素质农民提升培训（图7-14）。

图7-14 开展融水田鲤产业提质增效生产技术推进研讨培训

三是开展精准到位的技术服务。建立科技人员包乡联村机制，深入养殖园区、示范基地开展技术指导，要让养殖户人人都能掌握融水田鲤科学养殖技术和苗种繁育提纯复壮的技术要点。加大力度培训当地农业技术骨干（图 7-15），用稻田科学养殖田鲤技术要点武装头脑，使技术骨干成为行家里手，再由他们去对接家庭农场、种养大户、农民专业合作社等新型经营主体，开展全程精准指导服务。充分发挥各级水产技术推广机构的运行优势，通过"科技特派员信息服务"现代信息技术平台，在线开展问题解答、咨询指导、技术普及等。

图 7-15　开展本土技术骨干培训

四是下力气打造品牌。要充分发挥"大苗山"品牌作用，在提高产品质量的基础上，加大对融水田鲤品牌的培育和宣传力度（图 7-16）。

图 7-16　融水田鲤本土品牌包装

第三节　融水重要农业文化保护和开发利用

文化遗产是我们中华民族赖以生存和发展的文化根基。它是一种技术，一种传承，代表了悠久的中华历史精髓。是我们中华民族发展史的见证，文化遗产可以告诉我们一些真实的历史。历史文化遗产的不可复制性决定了其保护的必要性。文化遗产也是历史中一直传承下来的一个历史片段，是一个特定地方（区域）的记忆。每个地方的历史，都融入了那个地方代代相传的精神，这是一个地方不竭的力量之源和继往开来的精神财富。所以说没有历史就没有未来。

农业文化遗产不仅记载了农业发展的历史，而且启示着人类可持续发展的未来。每一个农业文化遗产地，都是重要的生物、文化和技术基因库。长久以来，融水坚持保护与开发并重，传承与发展并举，做实"非遗＋文创""非遗＋活动""非遗＋商业""非遗＋旅游"四篇文章，推动民族文化产业焕发了新活力。

融水田鲤农产品地理标志作为融水苗族自治县的重要农业文化遗产元素，如何进一步对她加以保护和开发，使这一特色产业真正发展成为促进融水苗族自治县乡村振兴、产业兴旺，人民安居乐业的重要抓手，任重道远。总体上来说，要以《广西桂西北山地稻鱼复合系统—中国重要农业文化遗产保护与发展规划（2021—2035 年）》（以下简称《规划》）为指导，依托自身农业发展条件优势和特点，结合乡村发展实际，需继续做好以下工作。

一、继续挖掘稻鱼复合系统保护资源和夯实现有保护基础

广西桂西北山地稻鱼复合系统的核心保护范围为广西融水苗族自治县、三江侗族自治县、全州县、靖西市和那坡县全域。融水享有"百节之乡"和"中国芦笙·斗马文化之乡"的美誉，核心保护范围区域为安太乡、杆洞乡、拱洞乡和红水乡 4 个乡镇，稻鱼系统面积达 3.3597 万亩，鱼类品种主要为"融水田鲤"，水稻品种为香粳糯、紫黑香糯、血糯以及黑米等。继续挖掘、收集和分类整理散落在民间的传统农耕工具和民间传承的独特农耕技艺。新增建设一批村级博物馆，专门收藏传统的老旧工具，维护维修一批老旧损毁的农具，集中放到博物馆里展示宣传和保护。在博物馆里开辟融水田鲤农产品地理标志展示专栏，宣传展示融水田鲤的人文历史和现代养殖生产的操作规程。

二、成立专门机构负责重要农业文化保护和开发利用工作

一是要由县党委、人民政府要统筹协调有关部门配合县农业农村局成立工作专班专门负责农业文化遗产保护工作，把融水山地稻鱼复合系统工作作为传承融水农耕文化、助农增收的重点工作来抓，要建立相关的机制，做到工作有规划，措施有保证，资金有

保障。

二是要以遗产地的全面乡村振兴发展战略为依托，坚持中国重要农业文化遗产保护与发展的相关理念，借鉴其他成功的农业文化遗产保护案例的经验，制定科学的融水山地稻鱼复合系统农业文化遗产保护与发展规划。以规划为统领，将融水山地稻鱼复合系统保护好，以此为基础，充分挖掘遗产系统的资源，为乡村产业振兴与文化振兴贡献力量。为加强融水苗族自治县重要农业文化遗产保护工作，有效挖掘、保护和发展融水苗族自治县重要农业文化遗产价值，促进融水苗族自治县重要农业文化遗产动态保护、文化传承，推动全县经济可持续繁荣发展。

三要借助融水创建国家全域旅游示范区和广西特色旅游名县的契机，打造类似"金秋烧鱼节""农民丰收节"等具有融水特色的农业文化节庆系列活动和休闲农业观光旅游活动，进一步推动建设好一批与乡村振兴融为一体的县、乡、村级现代特色农业示范区，突出融水田鲤农产品地理标志特色，扩大农业文化影响力，做好全县山地稻鱼复合系统的发掘、保护、传承、利用及发展等工作，进一步规范引导举办好"闹鱼节""丰收节""金秋烧鱼季""新禾节"等农业节庆活动，让这一具有重要价值的农业文化遗产焕发新的光彩。

四是要依托各类项目的实施进一步推进全县山地稻鱼复合系统保护工作。以规划《融水苗族自治县重要农业文化遗产管理办法（试行）》和《融水苗族自治县重要农业文化遗产——山地稻鱼复合系统保护与发展规划（2023—2028年）》为指导，依托自身农业发展条件优势和特点，重点做好以下工作。

（1）发展模式。在稳定全县粮食播种面积和产量的前提下，继续通过实施"融水田鲤"和水稻的统一投放，统一收购，集中技术培训等手段，引导农户积极发展"稻＋鱼"养殖模式。

（2）积极宣传，打造品牌。按照《规划》和自治区农业农村厅办公室《关于印发2023年广西壮族自治区重要农业文化遗产保护与利用项目实施方案的通知》要求，对全县山地稻鱼复合系统农业文化遗产进行宣传。借助融水荣获全国旅游名县机遇，继续打造金秋烧鱼季系列活动，扩大重要农业文化遗产的影响力，集"中国生态原产地保护农产品""国家地理标志农产品""有机转换农产品"及"融水优质农产品"等一体化进行综合品牌打造。加快品牌及营销体系建设。创建打造地区优势品牌，做好品牌的宣传和销售。利用民俗节日宣传好全县特色农业，讲好融水故事。

（3）政策支持。依靠优惠政策和自身优越自然条件与独特的文化，继续支持山地稻鱼复合系统核心保护区域稻渔综合种养的产业示范点产业链的建设，不断完善和发展融水山地稻鱼复合系统种养模式，让山地稻鱼复合系统给遗产地居民带来实实在在的效益，推进产业兴旺，助力乡村振兴。此外，借助在财政支农资金中安排稻鱼生产、与乡村振兴等项目相捆绑、与新农村建设有关项目相结合等方式进行遗产保护与发展。将有关部门山地稻鱼复合系统保护与发展规划互相衔接，将保护与发展行动计划与已有工作计划相结合，在贷款融资、税费减免、用水用电用地等方面对遗产地农户和企业给予重点扶持。

（4）以《规划》为指导。以县人民政府领导、县农业农村局为责任主体牵头，联合林业、生态环境保护、文旅、规建等单位部门根据《规划》中的措施与行动计划年度任务分解清单，坚持可持续发展理念，在农业文化遗产资源得到充分保护的基础上，通过生态产品开发和休闲农业发展，发挥遗产系统最大的经济、社会与生态效益。将全县山地稻鱼复合种养系统建设成为区域特色生态农产品的生产基地、多民族农耕文化融合的展示与体验基地、人与自然和谐共处的生态教育基地、中小学生劳动教育与农耕文化体验的研学基地，从而为遗产地居民带来实在的福祉，给社会提供实在的优质产品与服务，也使得遗产系统获得有效的动态保护。

（5）加强交流合作。广西桂西北山地稻鱼复合系统（中国重要农业文化遗产）工作覆盖了柳州市融水苗族自治县、三江侗族自治县，百色市靖西市、那坡县，桂林市全州县 5 个县（市），融水要积极与其他 4 个兄弟县（市）保持沟通和交流，集万计于一策，不断完善广西桂西北山地稻鱼复合系统的文化遗产保护工作。

第八章 融水田鲤产业发展实例

第一节 融水县金边鲤生态农业有限责任公司

一、公司概况

融水县金边鲤生态农业有限责任公司成立于2016年，位于融水苗族自治县融水镇小荣村，集种植养殖、食品深加工、销售于一体，注册资金2000万元。经营产品主要为金边鲤、田螺和大米及其深加工产品。有香粳糯种植基地3个，田螺养殖基地1个，大苗山金边禾花鲤科技繁育基地（图8-1）总场1个，二级场5个（其中湖南绥宁1个），总场占地面积225亩，年产6000万尾以上本地金边禾花鲤种苗，年产成品鲤鱼500 t以上。建有山外2500亩稻渔综合种养示范基地，现有水产专家4名，水稻专家2名，技术人员4人。公司以高起点规划、高质量建设，现代化科学生产管理，自我发展、带动群众、打造特色等实现双赢。

图8-1 融水县金边鲤生态农业有限责任公司融水田鲤繁育基地

二、运营模式

按照广西乡村产业振兴的工作部署，在广西壮族自治区水产研究院、广西壮族自治区水产引育种中心、广西壮族自治区农业农村厅等部门的技术支持下，该公司采用"公司＋基地＋合作社＋农户"的模式，统一苗种发放，统一科技指导管理，统一生产回收销售，积极帮助养殖户做好生产经营。截至2021年底成功带动水产养殖合作社5个，累计带动融水18个山区乡镇1836户农户（贫困户）参与养殖脱贫产业；同时，带动其他乡镇4000亩水库池塘养殖金边鲤，稻田养殖辐射全县8万亩（图8-2）。金边鲤养殖还辐射到河池、桂林（图8-3），以及湖南、贵州等省份，开创了融水水产养殖"产、学、研、带"现代农业发展新格局。

图8-2　融水县金边鲤生态农业有限责任公司融水田鲤亲鱼养殖池

图8-3　融水县金边鲤生态农业有限责任公司融水田鲤对外扩繁基地

三、科研能力

（1）技术依托。国家特色淡水鱼产业技术体系、国家大宗淡水鱼产业技术体系，以及广西壮族自治区水产科学研究院、广西壮族自治区水产引育种中心、广西壮族自治区水产技术推广站、广西大学、西南大学、西北工业大学、柳州市渔业技术推广站、融水苗族自治县农业农村局、融水苗族自治县科技工贸和信息化局等。

（2）技术模式。该公司在融水苗族自治县怀宝镇九东村和红水乡推广"稻田小区式综合种养"模式，该模式是其与广西水产科学研究院、广西农业科学院水稻研究所专家一起针对融水本地地形地貌研发的一项稻渔综合种养模式，旨在帮助农户利用原有上千年的生活习俗，找出一条融水特有的山区生财之道。不仅保证原有粮食产量不变，还额外利用水产品增加经济效益，创造高质量水产品、生态旅游相结合的全新振兴之路。"稻田小区式综合种养模式"创新项目模式下主要有金边鲤（图8-4）、薄壳螺、香粳糯三大产品（图8-5）。

图 8-4　融水县金边鲤生态农业有限责任公司选育的融水田鲤亲本鱼

图 8-5　融水县金边鲤生态农业有限责任公司融水田鲤生态养殖基地

（3）科研成果。"稻田小区式综合种养"模式、金边鲤人工繁殖技术、金边鲤高密度养殖技术、田螺繁殖技术、香粳糯提纯选育技术。

四、建设规划

2022年，为更好打造金边鲤生态系列品牌，扩大标准化规模养殖面积，保障合作社贫困户的种植养殖利润，该公司在现有种养殖规模化的基础上，基于现代化农业产业的技术指导和市场导向，主要发展以下三大方向。

1. 扩大种养规模，推广标准化综合种养体系

育种保螺。链接柳州市"百亿螺蛳粉"产业带。① 2022年筹建本地高山田螺保种

场1个，分两期完成，为公司、农户提供高质量的源头产品；②在高山田螺养殖的基础上，对本地石螺进行挖掘（图8-6）。

图8-6　融水县金边鲤生态农业有限责任公司田螺生态养殖点

借"稻田小区式综合种养"之势，推动金边鲤产业稳步发展，扩大综合种养"稻渔"养殖品种。2021年金边鲤产业扶贫取得可观成绩，在此基础上推广"稻田小区式综合种养"模式，由"稻＋金边鲤"单一模式扩大到"稻＋螺蛳＋泥鳅"（图8-7）、"稻＋金边鲤"（图8-8）、"稻＋罗非"，做到精养、细养，稳步发展融水稻渔综合种养产业。

图8-7　融水县金边鲤生态农业有限责任公司稻田养殖泥鳅

图 8-8 融水县金边鲤生态农业有限责任公司融水田鲤冬季养殖情形

水稻"取"成。水稻是融水历史以来的粮食主产品,公司借此基础,签订水稻回收协议,规定谷种、种植及施肥技术要点,向农户回收现成的稻谷,进行深加工。

2. 延伸金边鲤产业链,打造深加工旅游系列产品

该公司根据种植养殖面积扩大规划,同时配套建设深加工厂(分三期完成),为大山农户开辟一条新的销售渠道,在保证量的前提下,实现农产品质的飞跃(图8-9)。

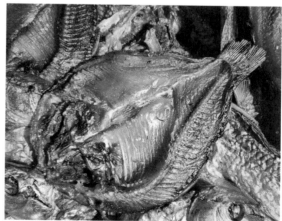

图 8-9 融水田鲤鱼加工产品

3. 对接市场、扩大淡水鱼苗繁殖品种

借国家产业扶贫(渔业组)技术力量,着重打造:①鳜鱼、黄颡鱼繁育。②本地鳅繁殖。台湾鳅虽有个体大、好游动、肉质松等特点,但不受融水本地市场欢迎,而本地鳅的繁

殖技术有待攻克，如亲本选育、本地鳅习性及生物学性状研究等。③罗非鱼山区推广。罗非鱼一直是夜市烧烤的一大卖点，加上近几年高品质罗非鱼生对罗非养殖环境的高要求，给融水市场带来新的机遇，公司针对当地环境特点，找出融水特色罗非鱼市场发展方向。

五、企业荣誉

鱼苗场荣获国家级水产健康养殖示范场（所属水产苗种繁育场），综合种养基地荣获国家级水产健康养殖示范场（所属稻渔综合种养基地），提纯选育的金边鲤荣获中国生态原产地保护产品、国家地理标志农产品，基地列入国家大宗淡水鱼产业技术体系南宁综合试验站金边鲤研发基地。

获广西扶贫龙头企业、广西现代特色农业（核心）示范区、第五批广西农业科技园区、广西农业品牌、广西壮族自治区桂建芳院士工作站、广西水产科学研究院专家工作站、西北工业大学稻田生态综合种养示范基地、广西阳光助残基地、广西农牧渔业丰收奖、广西稻渔生态联盟种养产业理事单位等荣誉称号。

获柳州市水产健康养殖示范场、柳州市农业良种培育中心、柳州市产业化龙头企业、柳州市"百企扶百村"奉献奖，旗下融荣水产品养殖专业合作社获柳州市农业产业化龙头企业称号。与广西水产科学研究院针对山区研发出的"稻田小区式综合种养"模式深受融水苗族人民欢迎。为中国农村青年致富带头人协会第二届会员、全国农村青年创业致富带头人。获 2015 年青年创业典型荣誉称号、柳州市"百年五四、龙城青年"好榜样。

第二节　广西融水元宝山苗润特色酒业有限公司

一、公司概况

广西融水元宝山苗润特色酒业有限公司成立于 2016 年 7 月，注册资金 2000 万元，位于柳州市融水县安太乡小桑村，是一家乡村"一二三"产业融合发展企业，主营高山生态有机粮食生产（图 8-10、图 8-11）。经过几年的快速发展，自主品牌产品有地标产品融水紫黑香糯、紫黑香米、有机大米、富硒大米、苗族传统黑糯米益生菌黄酒等，现有加工厂房 6000 m²，低温保鲜库 3000 m³，大米加工日产能 20 t 的生产线 1 条，日产能 100 t 的生产线 1 条，粮食烘干设备每批次可处理 45 t，黄酒加工生产线 1 条，粽子糕点糍粑生产线 1 条，代餐粉、米果糖零食生产线 1 条，谷物配方米茶生产线 1 条，黑糯米醋生产线 1 条。注册有"贝江苗润""苗老根"品牌商标（图 8-12）。产品通过中绿华夏有机食品认证，企业质量管理体系通过 ISO9001、ISO22000、HACCP 认证，地理标志农产品认证，富硒认证等。产品以线上线下的"互联网电商＋实体经营"模式，主

图 8-10　广西融水元宝山苗润特色酒业有限公司

图 8-11　广西融水元宝山苗润特色酒业有限公司种养示范基地

要销往广州、上海、北京等一线城市，获国家扶贫办认定为国家扶贫产品。

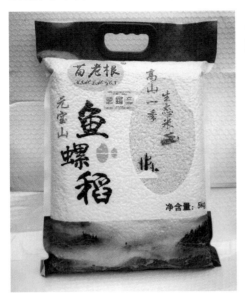

图 8-12　广西融水元宝山苗润特色酒业有限公司特色产品

二、主营业务

该公司以优质特色粮食为主营业务，基地主要分布在广西柳州市融水苗族自治县，有机特色传统粮食紫黑香糯、紫黑香米种植面积 3800 亩，高山一季富硒大米、生态大米、特色糯稻订单种植面积 2280 亩，年产优质特色粮食 2700 t，年产苗族传统黑糯米益生菌黄酒（有机食品）60 t。几年来该公司"一二三"产业链累计已投入 4000 万元，年总产值 5000 万元，逐渐形成优质规模化发展的乡村产业。以"公司＋基地＋合作社＋农户"的产业联合体模式开展农业产业化经营，与农户利益联结紧密，截至 2022 年底，带动农户数达到 1260 户，农户户均年增收 5000 元（图 8-13）。

图 8-13　广西融水元宝山苗润特色酒业有限公司分红情形

三、建设规划

2022—2025 年发展规划：依托融水国家生态示范县优质生态环境、气候及风景优美的旅游资源，以融水境内 20 万亩优质稻田为总体发展规划，主抓优质特色粮食规模化生产，"十四五"期间计划在县境内完成优质特色粮食种植面积 20000 亩以上，形成地理标志农产品农业产业化，特色优质品牌化。结合现代特色农业、休闲农业旅游，实现乡村"一二三"产业融合发展，打造民族康养食品、康养旅游产业链（图 8-14 至图8-16）。

图 8-14　广西融水元宝山苗润特色酒业有限公司种养基地

图 8-15　广西融水元宝山苗润特色酒业有限公司酒窖

图 8-16　向社会宣传推介公司优质产品

四、企业荣誉

　　该公司先后荣获了 2017 年全国稻渔综合种养模式创新大赛绿色生态奖；2018 年广西农牧渔业丰收奖；2018 年广西首届农产品品牌；2019 年县级现代特色农业产业示范区，中国农产品加工优质产品，广西名优富硒米等荣誉称号；2019 年获评为柳州市"百企扶百村"精准扶贫行动先进单位，融水民营企业参与精准扶贫工作突出贡献单位；2020 年广西农产品加工 100 强企业，全国一村一品产业示范村；2021 年广西四星级特色农业产业现代化示范区，广西重点农业产业化龙头企业，广西东盟博览会"好种好品"金奖、银奖，广西名特优农产品金奖；2022 年全国首届名特优新农产品；第十五届中国国际有机食品博览会金奖，2023 年全国名特优新农产品产销对接最受欢迎产品品牌等荣誉称号。

第三节　融水县大鲶坝水产养殖专业合作社

融水县大鲶坝水产养殖专业合作社（图 8-17）成立于 2014 年，坐落于融水县融水镇东良村梧村屯，集种植养殖、销售于一体，注册资金 300 万元。合作社有融水田鲤（本地金边禾花鲤）苗种科技繁育基地 1 个、螺蛳养殖场 1 个（图 8-18）。

图 8-17　融水县大鲶坝水产养殖专业合作社

图 8-18　融水县大鲶坝水产养殖专业合作社融水田鲤苗种生产基地

合作社年产 500 万尾以上融水田鲤种苗，年产田螺 80 t、石螺 100 t。现有水产专家 1 名，技术人员 4 人。技术依托单位为融水苗族自治县水产技术推广站，是自治县"阳光助残基地"。合作社以"合作社＋基地＋农户"的模式运行，统一苗种发放（图 8-19），统一科技指导管理，统一生产回收销售；合作社以高起点规划，高质量建设，现代化科学生产管理，自我发展、带动群众、打造特色、实现双赢。

图 8-19　融水县大鲶坝水产养殖专业合作社向社员分发融水田鲤鱼种